化学链蒸汽重整制氢与合成气技术

王 华 祝 星 著

科学出版社

北 京

内 容 简 介

本书重点阐述了化学链蒸汽重整制氢与合成气技术原理、氧载体设计与开发、铈基氧载体的应用与反应机理，内容包括：制氢技术的概述、化学链蒸汽重整用氧载体类型与设计介绍、实验过程综述、氧载体的热力学分析、氧载体的制备与修饰、氧载体选择性氧化性能、氧载体化学链重整性能及其反应机理、反应过程中材料间协同作用与活化机制、反应新体系的探索等。

本书可供能源与催化专业的高等院校师生及研究人员、工程技术人员、管理人员等参考。

图书在版编目 CIP 数据

化学链蒸汽重整制氢与合成气技术 / 王华，祝星著. —北京：科学出版社，2012

ISBN 978-7-03-034395-6

Ⅰ.①化… Ⅱ.①王…②祝… Ⅲ.①制氢-工业技术②氢气-合成气制造-工业技术 Ⅳ.①TE624.4②TQ116.2

中国版本图书馆 CIP 数据核字(2012)第 102295 号

责任编辑：张 析 刘志巧 / 责任校对：宋玲玲
责任印制：钱玉芬 / 封面设计：东方人华

科 学 出 版 社 出版
北京东黄城根北街 16 号
邮政编码：100717
http://www.sciencep.com

北京凌奇印刷有限责任公司 印刷

科学出版社发行 各地新华书店经销

*

2015 年 6 月第 一 版 开本：B5 (720×1000)
2015 年 6 月第一次印刷 印张：9 1/4
字数：176 000

POD定价： 42.00元
（如有印装质量问题，我社负责调换）

前　言

当今世界能源的供应主要是建立在石油、煤炭、天然气这三种化石燃料的基础上。目前，石油资源已越来越紧缺，煤炭资源虽然丰富但其使用过程中环境污染大，而天然气资源储量相对丰富又是清洁能源，越来越受到青睐。此外，纵观人类能源发展史，人类对能源的开发利用正从过去以木材、煤炭为主的固体燃料时代逐渐转向当今以石油、烃类等为主的液体燃料时代，而发展趋势正向以天然气、氢气等气体燃料为主的方向转变。其中，氢能作为未来理想的能源形式，其制备技术受到了各国研究者的关注。

天然气水蒸气重整制氢技术是目前工业化制氢的主要方式，虽然该技术的发展对现代氢能工业的发展起着极大的推动作用，但该技术仍存在一些诸如气体需多步骤分离与工艺较为复杂等缺陷。基于化学链的概念，致力于高效天然气转化制氢的化学链蒸汽重整制氢与合成气技术是一种具有潜在优势的新型制氢与天然气转化技术，也是目前国际上研究的热点课题之一。

本书围绕纯氢气与合成气的制备过程，对“化学链蒸汽重整制氢与合成气技术”展开了较为系统的研究。研究内容主要涉及氧载体的热力学分析、氧载体的制备与修饰、氧载体选择性氧化性能、氧载体化学链重整性能及其反应机理、反应过程中材料间协同作用与活化机理、反应新体系的探索等关键基础问题。

本书是本课题组近几年主持的国家自然科学基金项目“熔融盐中催化氧化天然气制取氢气的应用基础研究”（No. 50574046）、“甲烷与氧化锌在熔融盐中反应制取合成气和金属锌的基础研究”（No. 50774038）、“甲烷中低温转化制合成气中可控功能化催化材料的构建及其反应机制”（No. 51004060）、“基于链式反应制取氢气和合成气的催化-载氧双功能材料的构建及反应机理”（No. 51104074）与“蓄热功能化氧载体构筑及其在化学链燃烧中的氧传递机理与吸放热特性”（No. 51174105）的研究成果之一。在编写过程中，本课题组得到了昆明理工大学冶金节能减排教育部工程研究中心全体同仁的支持和帮助，对他们的辛劳在此表示诚挚的谢意！在本书出版之际，向为本书和相关项目给予支持和帮助的人们致以由衷的感谢！

由于作者水平有限，书中难免有不妥之处，敬请读者批评指正。

著　者

2012年2月于春城

目　　录

第1章 绪 论

1.1 引 言

能源是人类赖以生存与发展的重要物质基础，同时也是当今国际政治、经济与军事所关注的焦点，可持续发展经济社会离不开有力的能源保障[1]。纵观人类能源发展史，人类对能源的开发利用正从过去以木材、煤炭为主的固体燃料时代逐渐转向当今以石油、烃类等为主的液体燃料时代，而发展趋势目前正向以天然气、氢气等气体燃料为主的方向转变。在燃料的进化过程中，燃料的碳氢元素比依次降低，这一脱碳过程演变的趋势必将导致氢燃料主导未来的能源市场[2]。同时，石油价格攀升和石油逐渐枯竭所带来的全球能源与环境危机导致了人类对清洁可再生能源的迫切需求。特别是21世纪以来，全球对二氧化碳排放与全球变暖给予了高度关注。人类在发展过程中燃烧了大量的化石燃料，燃烧过程中产生的二氧化碳使得全球变暖，冰山融化，海平面上升，一些岛国将面临被淹没的危险，在这种背景下，全球各国不得不在2009年哥本哈根世界气候大会上向全世界承诺对二氧化碳的减排作出努力。由于以传统化石燃料煤与石油为主要燃料的现代工业对环境造成巨大危害，开发与利用可再生能源或低碳燃料来替代传统化石燃料已经迫在眉睫。

可再生能源是能源发展的必然趋势，但是在可再生能源的应用过程中需要一种不损害可再生能源清洁程度的绿色能源载体。因此，众人再次寄希望于氢能，氢能是最理想的可再生能源载体[3]。与传统化石燃料相比，氢具有资源丰富、可再生、环保高效等优点，可以满足环境资源与社会经济可持续发展的需要。作为未来重要的二次能源与绿色能源，世界各国都投入大量的人力和物力对氢能的开发与应用进行研究，氢能在各个领域的应用也变得越来越广泛。在能源发展史上，氢能可能会逐渐取代化石燃料而带人类进入氢能-绿色能源时代。特别是通过燃料电池，能将氢能很方便地转换成电和热，具有较高的能源效率，能实现低污染排放甚至是零排放。因此氢能将有可能在人类社会由化石燃料顺利过渡到最终不依赖化石燃料的可持续发展进程中发挥重要的作用[4]。

另外，能源仍旧是人类可持续发展面临的重要问题，在人类能源发展史上可能很长一段时间内或者在人类现代化进程中很长一段时间内，我们还是不得不依赖化石燃料。即便是在发展未来理想能源——氢能的道路上还需依靠化石能源来实现，至少是在氢能规模化利用之前的相当长的一段时间里，氢能的主要来源仍旧是化石燃料。随着石油的日益枯竭与其作为燃料的利用过程中产生的污染不断受到重视，以甲烷(CH_4)为主要成分，储量丰富的天然气资源、煤层气和甲烷水合物等由于其较低的含碳量与燃烧过程的高清洁度而备受关注，已被认为是最具希望的替代能源之一。因此，21 世纪被誉为继煤炭时代、石油时代之后的天然气时代。

地球上天然气储量丰富，天然气的利用与开发将成为人类从化石能源时代进入氢能时代的桥梁。据估计，地球上以甲烷水合物形式存在的碳总量约是现已知地球上所有化石燃料的两倍，在未来它将成为世界经济中能源与化工原料的主要支柱。然而，甲烷分子具有类似惰性气体的电子排列，C—H 键能高达 435kJ/mol，直接转化存在能耗高、工艺复杂等缺点。例如，当前全球主要液氢生产方式是天然气水蒸气重整，该工艺需多步骤(水汽转换、变压吸附)净化工艺才能获得纯氢，而且此工艺中天然气中的碳资源并不能被充分利用，而是以二氧化碳的形式直接排放出去。因为直接转化存在诸多问题，许多研究者将目光投向天然气转化制合成气，合成气再转化为液体燃料的间接技术，该方面的合成气制取技术逐渐成为研究热点，研究者希望在未来能够有所突破。鉴于甲烷在直接转化与间接转化过程中遭遇的困境，一项基于化学链概念，致力于更为简洁、高效的天然气转化与新型制氢技术——化学链蒸汽重整制氢与合成气技术[5,6]，逐渐成为备受关注的研究热点。

1.2 能源消费状况与未来趋势

1.2.1 能源消费状况

能源消费指的是人们日常生活与生产所消耗的能源。人均占有能源消费量是衡量国家与地区经济发展与人们生活水平的主要标志。如果每个国民消耗的能源越多，那么其所在国家的国民生产总值就越大，国民生活水平也就更高，所支配的资源就更多，相对更富裕。在工业化与现代化进程中，能源消费的强度与结构从侧面反映了一个国家的发展水平。

人类社会发展史伴随着能源发展史，不同的能源消费代表着不同的发展时代。人类的能源消费过程可以分为四个阶段:木材、煤炭、石油及新能源。进入 19 世纪中期以来,煤炭、石油与天然气成为能源的主要结构形式,核能与氢能也逐渐进入能源行列。受世界经济发展与人口增长的双重作用影响,世界能源消耗量不断增加,2005 年全球能源消耗量中的各类能源资源已增长至 1965 年的两倍以上(图 1.1)。作为主要的新能源,天然气的消费量随时间的增长速度较石油与煤炭增长得快,存在在未来超过石油或煤炭而占据主要能源份额的潜力。

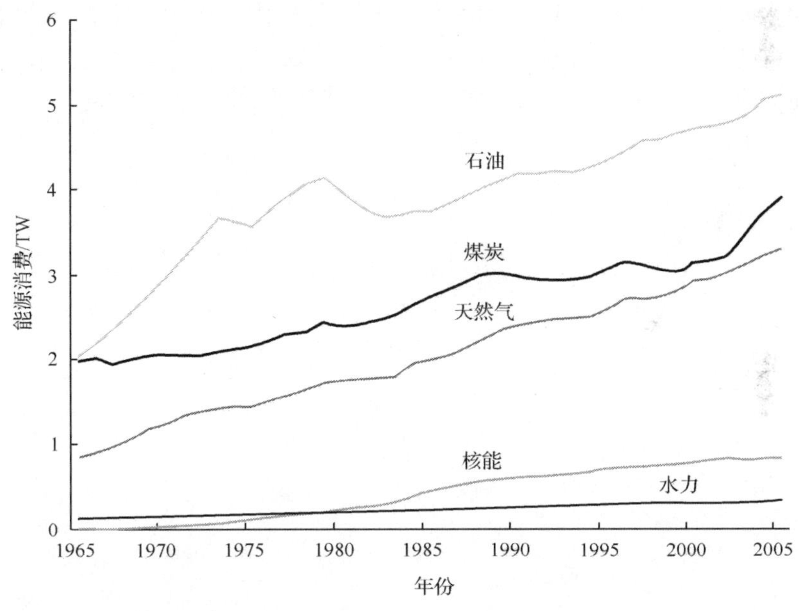

图 1.1　1965～2005 年世界能源消费状况[7]

虽然全球能源消费存在持续增长的态势,但是对于不同国家与地区而言,其发展模式与能源结构也有所不同。例如,经济、科技与社会相对发达的欧美国家及地区其能源消耗量增长速度十分缓慢,但这并不意味着这些国家的经济发展缓慢,相反,这些发达国家的经济发展已经步入后工业化进程,其经济逐渐向低能耗、高附加值产业结构调整,而将一些高能耗、高污染产业转移至发展中国家。此外,就能源结构而言,发展中国家虽然能源消费量增长速度很快,但是其煤炭消费量占其能源消耗比值较高,反之,发达国家的石油与新能源在能源结构[8]中占据了大部分。

1.2.2 未来能源发展趋势

未来能源发展趋势主要体现在两个方面：一是成本继续上涨，这主要是以石油为代表的主要能源的开发成本及其使用过程中的环境成本不断增加；二是新能源与清洁能源不断出现，由于传统化石燃料的成本不断增长及其污染愈加严重，寻找与开发清洁替代能源可以缓解经济与环境的双重压力。

图 1.2 为世界能源平衡图。1850～2050 年，人类能源发展过程可以明显地分为木材时代、煤炭时代、石油时代与天然气时代。通过各种能源随时间的推移在世界能源消费量中所占份额可以看出，煤炭与石油消费量在逐渐下降，预计在 2025 年左右天然气或天然气水合物将成为主要能源资源。

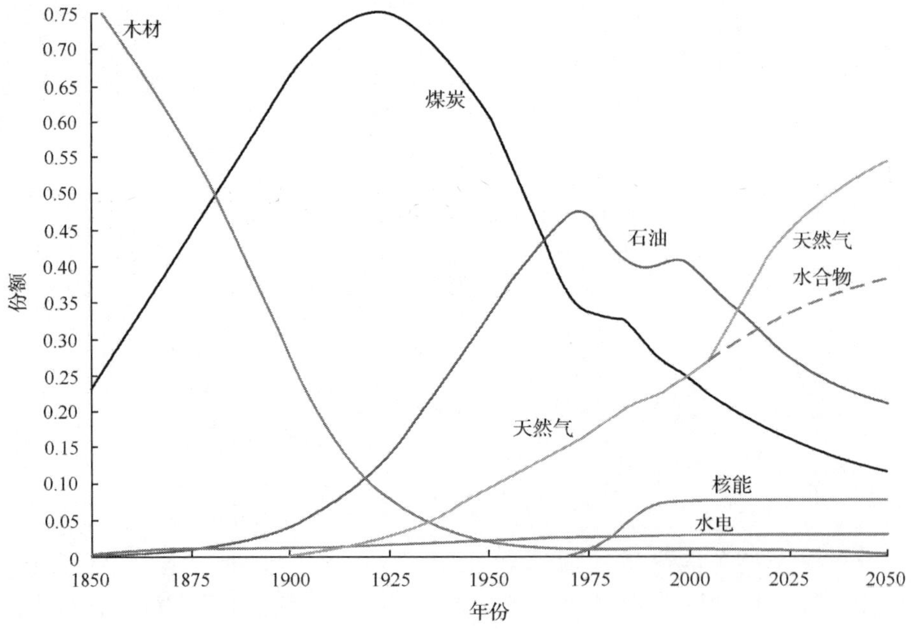

图 1.2 世界能源平衡图[9]

我国属于发展中国家，随着工业化进程的推进与发达国家产业的转移，已经逐渐成为世界能源消费大国，对能源需求不断提高。由于我国现有工业条件与能源消费模式，在未来一段时间内煤炭仍旧是能源消耗主体。国际制造业转移趋势决定了我国承担很大一部分的全球碳排放责任。鉴于世界能源形势与环境保护的要求，使用优质能源、开发高效能源新技术与发展低碳经济将成为我国经济持续发展的重要目标。低碳经济的关键在于三个方面：一是新能源与可再生能源的开发与利用；二是提高现有能源如煤炭与石油的使用效率；三是针对传统化石燃料的使用，开发其环境保护技术[10]。在未来相当长的一段时间内，天然气资源及其氢能技术的开发与利用将在一定程度上推进新能源的应用，加快煤炭、石油的替代进程[11]。

1.3　天然气资源

天然气，是一种由甲烷为主要组分的气态化石燃料，主要存在于油田、天然气田和煤层中。天然气燃烧后无废渣与废液产生，较煤炭、石油能源具有更安全、热值高与更清洁等优点。

虽然我们一直致力于探索更为绿色的能源，但是传统的化石燃料将仍旧是未来几十年内的主要能源之一。天然气作为最清洁的碳氢燃料，作为一种优质能源也逐渐成为能源主要组成部分，并被称做21世纪的理想能源[12]。

图1.3显示的是2009年全球天然气探明储量分布。英国石油公司(BP公司)于2010年6月10日发布的世界能源年度统计报告显示，截至2009年

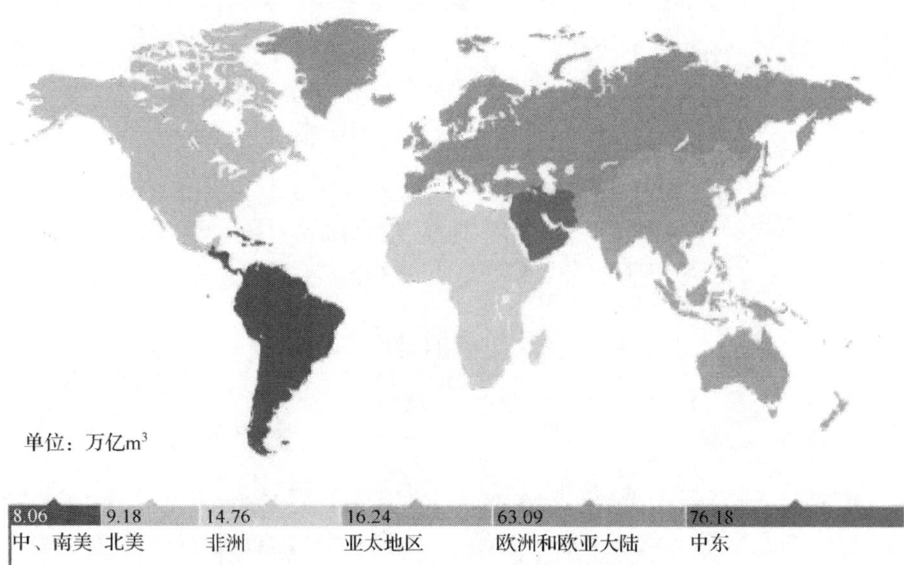

图1.3　2009年全球天然气探明储量分布
资料来源：英国BP公司统计报告

全球天然气探明储藏量增长了 2.21 万亿 m^3，全球总储量为 187.49 万亿 m^3，全球储采比增加至 62.8 年，而石油的探明储量为 13 542 亿桶，只可维持 45 年左右，与石油相比，天然气资源更加丰富。

我国天然气资源相对丰富，2007 年中国能源发展报告的最新勘探报告表明：我国天然气的远景储量为 54 万亿 m^3，可供使用年限为 60～100 年[13]。除此之外，我国陆上煤层气储量也是相当丰富，达到 35 万亿 m^3。我国海域辽阔，以天然气水合物存在的甲烷资源潜力巨大，天然气水合物初步探明储量为 800 亿 t，相当于我国已探明石油总量的 50%。随着国家对天然气水合物的开发与利用，愈加丰富的天然气资源必将在我国经济发展中起到重要的作用。

作为目前最为清洁的碳氢燃料，天然气具有的优势与潜力在我国却没有得到很好地发挥。如图 1.4 所示，世界能源消费结构中天然气所占比例为 23.8%，而我国这一比例仅为 3.9%[14]。以煤炭为主要能源的结构形式不仅带来了严重的污染，还会加剧我国的碳排放压力。面对丰富的天然气资源，我国必须加快转化利用技术的研究步伐。另外，天然气还被誉为通往氢能时代的桥梁，其开发利用也必将加快氢能时代的到来。

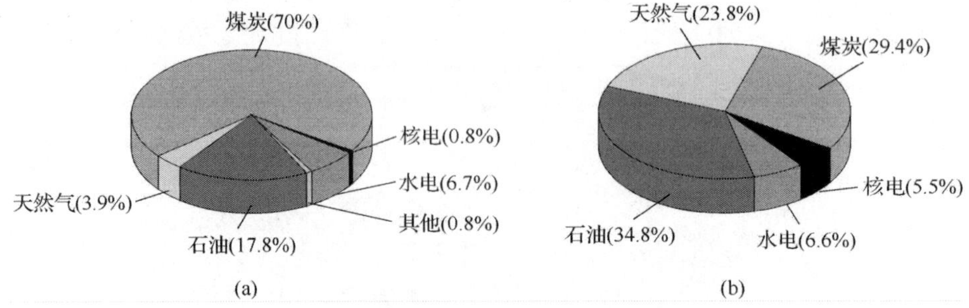

图 1.4　2009 年中国与世界能源消费结构对比
(a) 2009 年中国能源结构；(b) 2009 年世界能源结构

1.4　氢能及其制备技术

1.4.1　氢能

氢气(hydrogen)是世界上已知的最轻的气体。它的密度非常小，只有空气的 1/4，即在标准大气压①、0℃下，氢气的密度为 0.0899g/L。常温下氢气

① 1 标准大气压＝1.01325×10^5Pa。

的性质稳定,不容易跟其他物质发生化学反应,但当条件改变时(如点燃、加热、使用催化剂等),氢气就变得不再稳定。作为一种燃料,氢能是一种理想的低污染或零污染的洁净可再生能源,它还是除核燃料外的所有化石燃料、化工燃料和生物燃料中发热值最高的。

氢能具有的特点如图 1.5 所示。此外,氢能在使用过程中产生水,对环境无污染,同时水还可以进行再利用,具有较好的再生性。而且地球上 3/4 的表面被海洋覆盖,是天然的氢矿,资源丰富。燃料电池的问世,使氢能的应用进入一个新时代。氢燃料电池的发电效率最差也在 35%～45%,较内燃机的 20%～30%高出很多,氢能在燃料电池上应用的优势使人们在各个领域加强了对氢能的研究。正因为如此,氢能成为最为理想的燃料及能源载体。

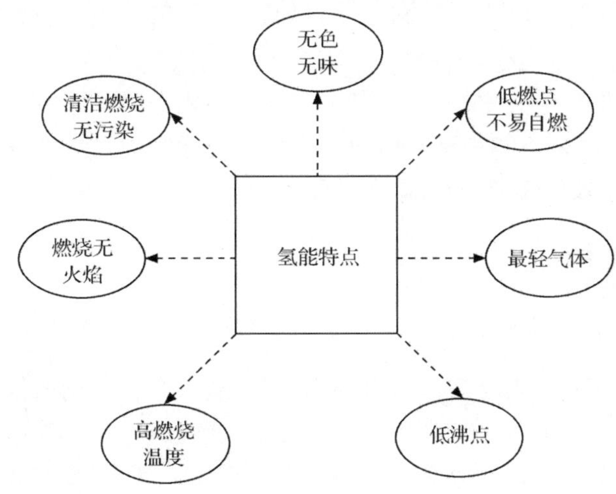

图 1.5 氢能的特点

氢燃料电池技术能够提供一种零污染交通运输方式。燃料电池是电化学装置,能够将氢和氧的化学能转变为电能,并且无任何污染,其发电效率高达 50%以上,氢燃料电池工作原理如图 1.6 所示[15]。氢的单位质量燃烧值最高,达 121 061kJ/kg,比甲烷、汽油、乙醇、甲醇等都高出许多倍。所以作为高能燃料,其通常用在火箭、航天飞机与卫星等航天设备上[16]。氢气是重要的化工原料与中间产品。例如,合成氨工业,氢气与氮气在高温、高压、催化剂存在下可直接合成氨气,目前全世界生产的氢气有 2/3 用于合成氨工业。冶金与制造行业也经常用氢气作为还原剂或保护气。此外,氢气还可用于食品工业,合成各种制剂。

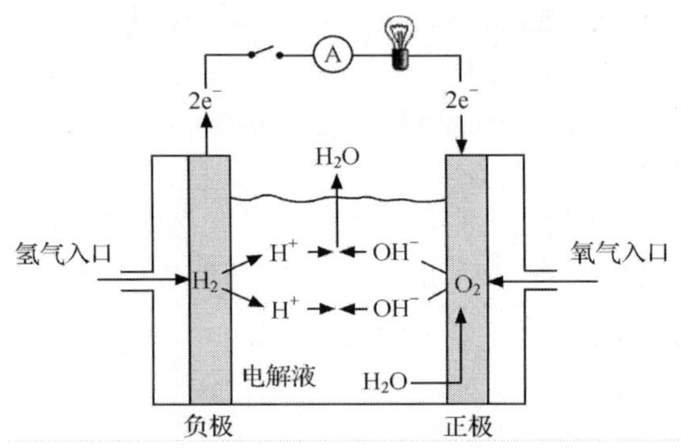

图 1.6 氢燃料电池工作原理示意图

氢能的应用领域随着氢能利用技术的开发与推广将越来越广泛。人们对氢能在日常生活、化工生产、航空航天、石油加工等领域的应用也更加重视。虽然当前的制氢技术方法较多，但是由于受到技术条件的限制，很多仍不能工业化生产，氢生产并不能满足当前快速发展的工业需要。因此开发廉价、无污染、新型的制氢技术意义重大，迫在眉睫。

1.4.2 制氢技术

1. 制氢技术比较

作为清洁可再生能源，人类对氢能的开发从未停止。制氢技术多种多样，包括化学、生物、电解、光解等处理过程，其中有些已经实现了商业化生产。现有制氢技术按原料来源可分为化石燃料制氢与可再生资源制氢[18]。化石燃料制氢为当前主要的制氢方式。图 1.7 是目前世界制氢产业状况，表 1.1 对

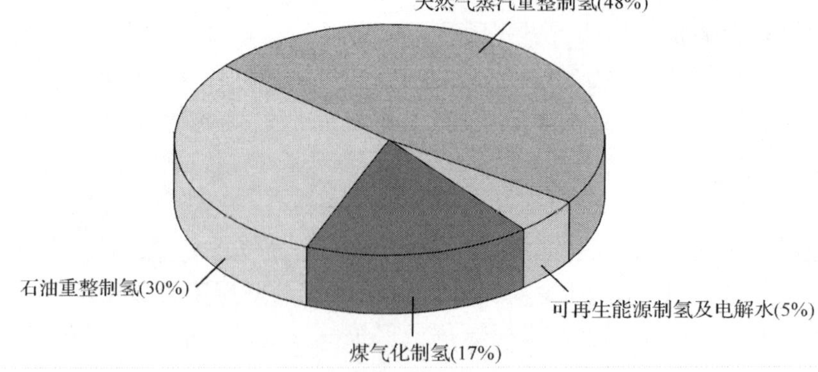

图 1.7 世界制氢产业状况[17]

不同制氢方式进行了比较。从目前来看，可再生能源或可再生资源制氢所占份额仍然很小，化石燃料制氢在将来很长一段时间内仍将占主导地位。

表 1.1　不同制氢方式比较[17]

技术	原料	效率/%	商业应用情况
蒸汽重整	碳氢化合物	70～80	商业应用
部分氧化	碳氢化合物	60～75	商业应用
碱性电解剂	水＋电	50～60	商业应用
生物质气化	生物质	35～50	商业应用
等离子重整	碳氢化合物	9～85	远期
水相重整	碳水化合物	35～55	中期
氨重整	氨	未知	近期
自热重整	碳氢化合物	60～75	近期
光催化	太阳光＋水	0.5	远期
黑暗发酵	生物质	60～80	远期
光发酵	生物质＋太阳光	0.1	远期
微生物电解电池	生物质＋电	78	远期
PEM 电解剂	水＋电	55～70	近期
固体燃料电池	水＋电	40～60	中期
分解水	水＋热	未知	远期
光电化学分解水	水＋太阳光	12.4	远期

2. 化石燃料制氢

化石燃料制氢是将含氢化石燃料转化为富氢合成气或氢气，其包含天然气蒸汽重整、部分氧化、自热重整、等离子重整、水相重整与高温分解等方法。其中天然气制氢是工业上常用方法，天然气蒸汽重整(steam methane reforminging，SMR)是主要的制氢方式。此处以 SMR 为例，重点介绍其制氢原理与工艺流程。SMR 反应式可以表示为

$$CH_4 + H_2O \xrightarrow{\text{催化剂}} 3H_2 + CO \tag{1.1}$$

在催化剂的作用下，甲烷与水蒸气通过重整反应制取合成气，合成气中 $n(H_2)/n(CO)$ 的值大约为 3∶1。一般使用镍基催化剂在 800℃左右、2MPa 下完成该过程。重整反应器内出来的合成气经过水汽转换装置，在水汽转换

装置中,CO 在铜基催化剂的催化作用下与水反应生成 CO_2 与 H_2。反应式可以表示为

$$CO + H_2O \xrightarrow{\text{催化剂}} H_2 + CO_2 \tag{1.2}$$

经过水汽转换装置的合成气变成主要是由 CO_2 与 H_2 组成的合成气,经过变压吸附装置(pressure swing adsorption,PSA)分离除去水与二氧化碳得到纯氢,经热交换器换热,液化器液化后得到液氢(liquid hydrogen,LH)产品。

图 1.8 是日本大阪氢能时代有限责任公司(Hydro Edge Co., Ltd)液化天然气蒸汽重整与空气液化精馏联产液氢、液氮、液氧、液氩工艺流程图。液化天然气(liquid natural gas,LNG)在进入改质器(重整反应器)之前需经过解压,在解压过程释放的冷热用于液化空气精馏分离。空气液化分离精馏得到的液氮除作为产品出售之外,其冷热还可用于氢气的液化。

虽然该工艺为现代氢能工业贡献了主要氢气来源,但是由于天然气蒸汽重整工艺为天然气与水蒸气直接接触,并在镍基催化剂的作用下反应产生合成气,合成气的比值大于 3,不能得到 $n(H_2)/n(CO)=2$ 的合成气(该比值的合成气适合于 Fischer-Tropsch 合成,是一种重要的化工中间品),为了得到纯氢气,还得经过水汽转换与变压吸附工艺来进行净化分离得到纯氢气,这些净化措施大大提高了制氢能耗。鉴于这些原因,很多研究者在此基础上提出一些新工艺,致力于新型、高效制氢方式的开发[6]。

化石燃料制氢已经占据全部制氢方式的 95%,在将来的很长一段时间内,化石燃料制氢仍是占主导作用的商业制氢方式,是氢能经济的来源。

3. 可再生能源制氢

可再生资源是指通过天然作用或人工作用,能被人类反复利用的各种自然资源。可再生资源制氢包括两类:一类是水制氢;另一类是生物制氢。

水制氢包括电解水、分解水、光催化分解水制氢方式。电解水制氢的商业应用较早,效率在 56%~73%,现已商业化应用。热分解水是直接利用热量将水分解为氢气与氧气(氧原子),工艺效率能达到 50%,目前研究较多的有金属氧化物分解水制氢方式等[6]。光催化分解水是利用太阳光在催化剂的作用下,将水分解成氢气与氧气,太阳能-氢能转换效率超过 16%。

生物制氢包括生物质气化制氢与生物学制氢。生物质气化制氢是基于部分氧化反应得到含氢混合气为目的,生物质气化技术能够高效地利用生物质能源。生物学制氢是利用生物体自身代谢来达到制氢目的的,具有可持续发

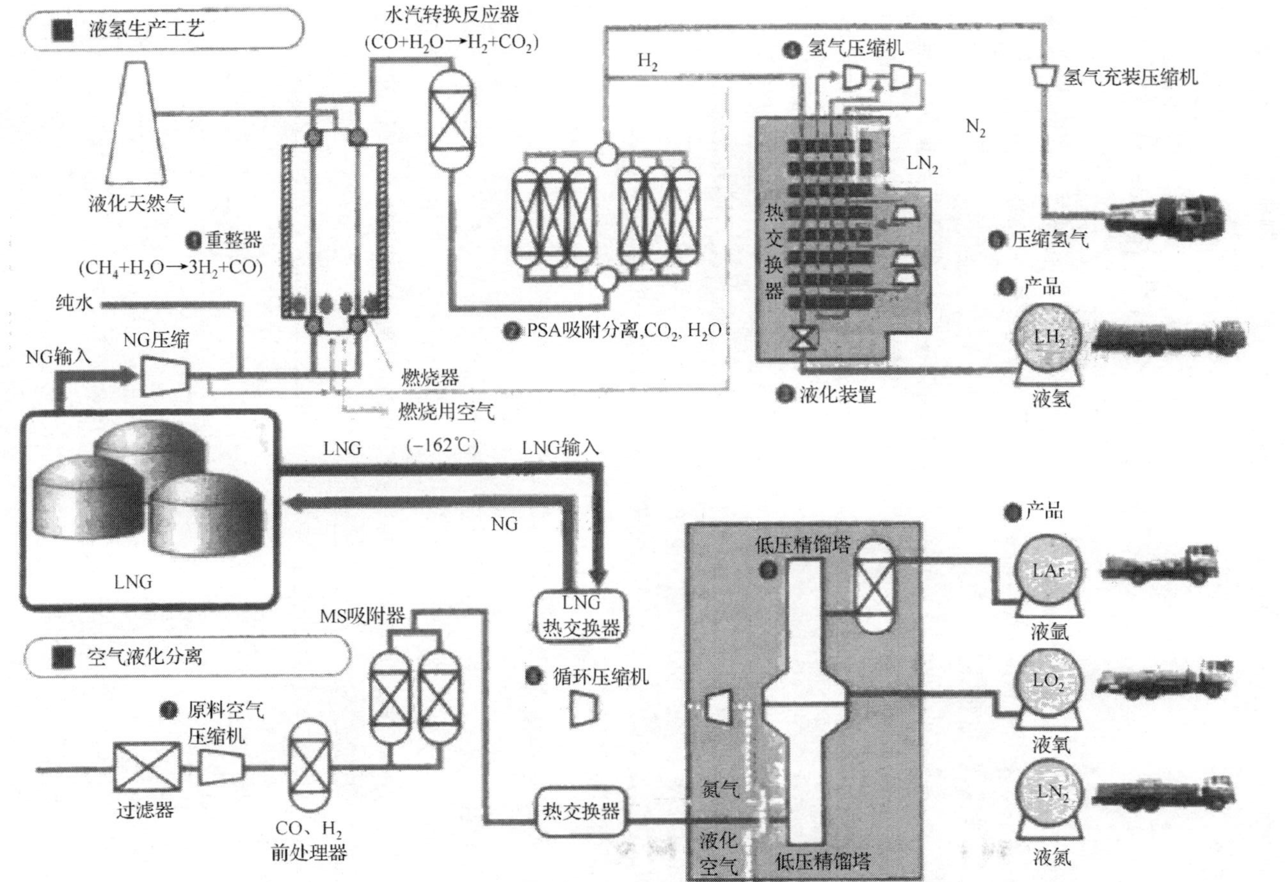

图1.8 液化天然气蒸汽重整与空气液化精馏联产液氢、液氮、液氧、液氩工艺流程图[19]

LNG-液化天然气；LH_2-液氢；LAr-液氩；LO_2-液氧；LN_2-液氮

展、低污染的特点，包括绿藻光催化制氢、黑暗发酵制氢、光发酵制氢、水气转换反应制氢、多段生物制氢等。通过现有生物的改性达到制氢目的是该技术长期发展方向。

1.5 化学链重整制氢与合成气技术

鉴于现有工业化、规模化制氢方式——天然气蒸汽重整技术存在气体分离净化步骤多、能耗高的问题，研究者以工艺简单、高效为原则提出了一些新型制氢方式以期能够解决现有制氢工艺的困扰[6]。

基于化学链(chemical looping，CL)的概念，Steinfeld 等学者提出了基于甲烷还原 ZnO 制取合成气与金属锌——金属锌分解水制氢与再生 ZnO 的两步法化学循环方式来实现甲烷的转化与氢气的制备[20~24]。无独有偶，日本 Otsuka 等学者在晶格氧部分氧化甲烷制取合成气工艺中尝试了使用水蒸气为氧源来实现铈基氧化物的再生[25,26]。随后，越来越多的研究者加入这个行列中来，从韩国 Kwang-Seo Cha 等[27,28]学者将该工艺总结为两步法蒸汽重整(two-step steam methane reforming，two-step SMR)到最后美国 Solunke 等学者将其总结归类为化学链蒸汽重整(chemical-looping steam methane reforming，CL-SMR)[29]。

1.5.1 化学链的概念

化学链(chemical looping，CL)是由链反应构成的化学循环，在化学反应中，反应的产物或副产物又可以作为其他反应的原料或反应物，反应的产物或副产物经过若干个反应后又能够通过这些反应恢复至原始状态，这样的一些化学反应构成的循环过程或链式过程称做化学链。

以用 Fe_2O_3 为氧载体的化学链燃烧(chemical looping combustion，CLC)过程为例：

$$Fe_2O_3 + 3/4CH_4 \longrightarrow 2Fe + 3/4(CO_2 + 2H_2O) \tag{1.3}$$

$$2Fe + 3/2O_2 \longrightarrow Fe_2O_3 \tag{1.4}$$

$$2O_2 + CH_4 \longrightarrow CO_2 + 2H_2O \tag{1.5}$$

反应(1.3)与反应(1.4)构成了一个化学链，氧载体 Fe_2O_3 在这个化学链中可以循环反复使用，从而实现甲烷的燃烧过程[式(1.5)][31]。因为该燃烧过程并不是通常所指的甲烷与空气直接接触燃烧，而是通过化学链的方式实现该过程。这即是该过程被定义为化学链燃烧的原因。通过若干个化学反应组成的化学链可以实现多种化学转化过程，不断产生目标产物。图 1.9 所示为典型的利用化学链来实现高效燃烧过程的示意图。

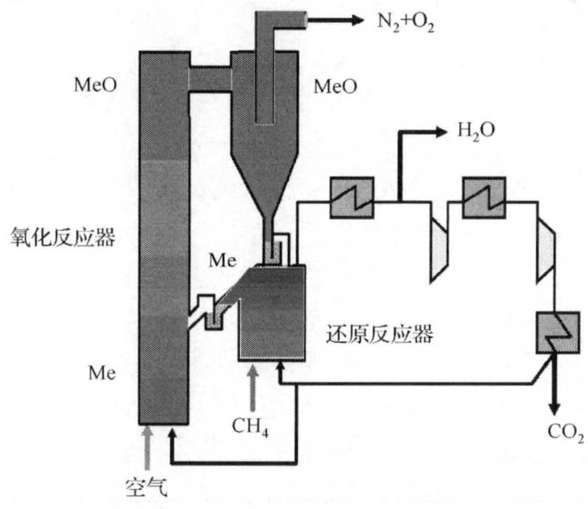

图 1.9　利用化学链实现高效燃烧过程示意图[30]
Me-金属；MeO-金属氧化物

1.5.2　化学链蒸汽重整原理

为改变传统天然气蒸汽重整技术的工艺复杂、能耗高的现状，基于化学链的概念，Steinfeld 与 Kodama 等[20,21]提出新型制氢工艺——化学链蒸汽重整(chemical-looping steam methane reforming，CL-SMR)制氢与合成气技术，其工艺示意图如图 1.10 所示。

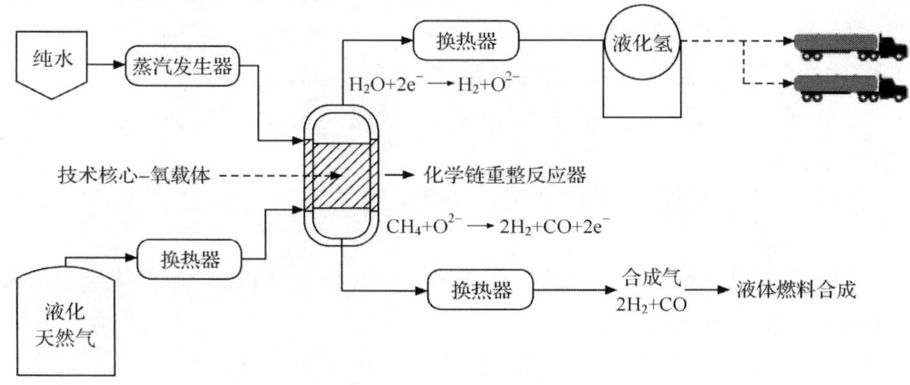

图 1.10　化学链蒸汽重整制氢与合成气工艺示意图

化学链蒸汽重整耦合了晶格氧部分氧化制合成气与分解水制氢的技术优势，其过程用反应式可以表示为

$$\text{第一步：} M_xO_y + CH_4 \longrightarrow M_xO_{y-1} + CO + 2H_2 \tag{1.6}$$

$$\text{第二步：} M_xO_{y-1} + H_2O \longrightarrow M_xO_y + H_2 \tag{1.7}$$

第一步反应是一个具有代表性的晶格氧部分氧化制取合成气反应，反应产生的合成气 H_2 与 CO 物质的量比为 2，十分适合 Fischer-Tropsch 合成[32]。在晶格氧部分氧化甲烷制取合成气工艺中氧载体的再生是直接通过与氧气燃烧反应实现，经过还原反应后储存较高能量的氧载体没有得到充分利用[33]。关于第一步反应过程，即晶格氧部分氧化制取合成气，作者所在的课题组开展了大量的研究工作，从理论和实验研究证实了可行性[34～36]。研究过程中我们还发现，是可以以水蒸气为氧源对氧载体进行再生的。在 CL-SMR 中采用水蒸气为氧源对 $M_{还原}$ 进行再生，理论上是可以得到纯氢气的。该工艺充分利用了每一步反应用于目标产品(氢气与合成气)的生产。

式(1.6)与式(1.7)相加就得到蒸汽重整(SMR)制取合成气反应式，即

$$CH_4 + H_2O \longrightarrow CO + 3H_2 \tag{1.8}$$

相对于 SMR，CL-SMR 通过两步来实现合成气和氢气的制取，不仅避免了气体的分离问题，同时整个过程分步进行，反应具有更低的能垒和更高的反应效率。设计与构建氧传递性能优良、高活性与高稳定性的氧载体是实现该技术的关键所在。

1.5.3 氧载体的研究

氧载体在 CL-SMR 工艺的还原步骤中需要能够选择性氧化甲烷为合成气，还原后的氧载体可以以水蒸气为氧源完成再生的同时产生氢气。为实现该工艺，需要氧载体具备以下特点：

第一，氧载体能够提供足够的氧原子或氧空位给氧化还原步骤；

第二，能够在高温下反复多次完成氧原子得与失，实现晶格氧在氧化还原步骤的氧传递；

第三，高的甲烷氧化活性，其中包括高的甲烷转化率与合成气(H_2 与 CO)选择性；

第四，失去晶格氧的氧载体具有高的分解水制氢活性，获得纯氢气的同时能够恢复自身足够的晶格氧；

第五，氧载体实现氧化与还原反应所需温度应该相互匹配；

第六，氧载体需具有高的热稳定性与适合的机械性能。

氧载体的诸多必备特点对材料提出了更高的要求。自 CL-SMR 工艺提出以来，很多研究者参与了氧载体的研究，为氧载体的设计与构建提供了一些十分有意义的参考。目前所研究的氧载体，都是由金属氧化物组成。按氧载体中金属氧化物中所含金属元素数目，可将其分为单金属氧化物与复合金属氧化物体系[17]。

1. 单金属氧化物氧载体

早期的研究是该思路的起源，Steinfeld 等[22]首先提出了结合太阳能与金属的制取过程，以金属作为能量载体和水分解剂(energy carriers and water-splitters)的概念。他们提出以甲烷或焦炭还原金属氧化物制取金属，该反应为强吸热反应，反应产生的金属具有较高的能量，可以作为能量载体用来分解水制氢。该课题组首次进行了 ZnO/Zn 的 CL-SMR，化学平衡计算显示在 1250K、1 个标准大气压下，$ZnO+CH_4$体系的平衡组成为：Zn 蒸气，物质的量比为 2∶1 的 H_2与 CO。5kW 的圆形反应器中进行的 CH_4还原 ZnO 联产金属 Zn 与合成气实验结果显示，在 1000～1600K 下金属 Zn 的产率达到 90%[23]。以当时的物价水平为基础，经济评价结果发现以太阳能为热源联产金属 Zn 与合成气较传统的燃料具有更强的竞争力[24]。Ebrahim 等[38]通过热重分析仪与在线气相分析研究了 CH_4还原 ZnO 的反应动力学，确定了反应动力学参数，这为该技术进一步产业化提供了可靠的理论基础。该体系中产生的金属 Zn 是一种良好的分解水制氢材料，Steinfeld 教授所在课题组对金属 Zn 分解水制氢及其反应器进行了全面的研究，在反应器的设计和反应条件优化上都取得了显著的成绩，在最新设计的反应器中进行金属 Zn 分解水制氢研究结果发现，太阳能-化学能转化效率达到 29%，Zn-ZnO 的化学转化率达到 83%，氢气产率达到 70%[39]。

受到该思路的启发，Forster[40]对 SnO_x/Sn 太阳能热化学储能体系进行了理论研究并初步设计了太阳能热化学反应器的结构，该体系主要反应式可以表示为

$$2CH_4 + SnO_2 \longrightarrow Sn + 2CO + 4H_2 \tag{1.9}$$

$$Sn + 2H_2O \longrightarrow SnO_2 + 2H_2 \tag{1.10}$$

以太阳能为能量来源制取合成气和氢气，SnO_2或 Sn 可以循环使用。但是至今并未出现该体系的相关实验研究报道，这可能与 SnO_2并不适合部分氧化甲烷制取合成气有关[41]。

基于太阳能的利用，Kodama 等[42]提出了 WO_3/W 的 CL-SMR。在 1073～1273K 下他们对 WO_3/W 氧化还原性能进行了研究，结果证实 WO_3具有较好的甲烷部分氧化活性，能得到 H_2与 CO 物质的量比接近 2 的合成气和金属 W，产生的金属 W 能分解水制取氢气生成 WO_3。为进一步提高 WO_3反应活性，他们制备了 WO_3/ZrO_2，发现改性后的 WO_3与甲烷反应转化率提高到 70%，CO 的选择性提高到 86%，但是其循环性能与反应活性由于积碳的存在而大大降低[43]。研究中始终未定量地给出金属 W 分解水制氢反应，这可能与当时作者的研究重点有关。

基于化学链的概念 Kang Seok Go 等[44]提出了 Fe_3O_4/FeO 的 CL-SMR。在流化床中他们研究了 Fe_3O_4/FeO 体系循环性能与产氢率，整个过程分两步，第一步是甲烷与 Fe_3O_4在燃料反应器(fuel reactor)中重整，第二步是 FeO 与水蒸气在蒸汽反应器(steam reactor)中分解水制氢，结果发现在 1173K 下，FeO 向 Fe_3O_4转变过程中能得到仅含有 CO_2的氢气，但是由于反应气体是经压缩而进入反应器的，气-固接触混合较差，导致在甲烷重整阶段，$Fe_3O_4 \rightarrow FeO$ 的转化率仅为 0～0.5。该体系中第一步是甲烷的完全燃烧反应，并没有得到合成气，重点是第二步氢气的制取。

单金属氧化物易于获得，而且是经济友好型物质，但是由于本身的一些性质的限制，其氧化还原(reduction and oxidation，redox)性能有限，为了在制取氢气的同时获得合成气，为了兼顾氧载体在两步反应中的活性，当前大多数研究者将目光投向复合氧化物，而且更加注重其循环性能。

2. 复合金属氧化物体系

复合金属氧化物普遍具有较好的 redox 性能，对其定向掺杂能大大改善其性能。目前用于 CL-SMR 的复合金属氧化物还是以铁氧化物复合氧化物为主，基于钙钛矿体系的研究才刚刚开始。

Kodama 等[45]对 Ni、Zn、Co 掺杂的铁酸盐 CL-SMR 制氢性能进行了研究，结果发现 $Ni_{0.39}Fe_{2.61}O_4$显示出较高的甲烷部分氧化反应活性。改性后的 $Ni_{0.39}Fe_{2.61}O_4/ZrO_2$反应活性进一步得到提高，在甲烷部分氧化阶段，甲烷转化率达到 90%，产生的合成气适合甲醇合成，仅在这一阶段其太阳能利用效率达到 28%。反应后的铁酸盐可以通过水蒸气进行再生，同时制取氢气。但还原后的铁酸盐产氢情况及循环性能并没有得到进一步的研究。

Go 等[27]通过热重分析仪研究了 $MnFe_2O_4$与 $ZnFe_2O_4$化学链蒸汽重整反应机理，第一步，$MnFe_2O_4$还原反应为扩散机理控制，$ZnFe_2O_4$还原反应为铁离子固相扩散控制；第二步，氧化反应都为产物层扩散控制，该反应机理反映在金属 Zn 与水反应制氢中[46]。研究表明，Mn 与 Zn 元素进入 Fe_2O_3 中能大大降低反应温度，提高反应速度。通过对反应速率常数的计算发现，还原反应活性顺序为：$ZnFe_2O_4$＞Fe_2O_3＞$MnFe_2O_4$(Jacobsite)＞$MnFe_2O_4$(Iwakiite)，反应活化能为 139～572kJ/mol；氧化反应活性顺序 $MnFe_2O_4$(Jacobsite)＞$ZnFe_2O_4$＞$MnFe_2O_4$(Iwakiite)＞Fe_2O_3，反应活化能为 57～110kJ/mol。

CeO_2 掺杂的氧化物具有良好的氧化还原性能，其在 redox、合成生产、有机合成和有机物降解方面表现出良好的储氧性能，定向掺杂能使之得到进一步提高[47]，而且研究还发现铈锆固溶体具有较高储氧性能和催化性能[48]。Cha 等[28]研究了 Fe_3O_4/ZrO_2 中 Cu 和 Ce 掺杂对积碳和反应活性的影响。结果表明：第一步，增加 Cu 在 $Cu_xFe_{3-x}O_4/ZrO_2$(x＝0.7)中的含量能减少积碳和提高反应速度；第二步，增加 Cu 的含量能强化碳的气化反应。研究发现增加 Ce 在氧化物中含量能提高合成气产生阶段的反应活性，当 n(Ce)∶n(Zr)＝3∶1 时，反应活性达到最高，$Cu_{0.7}Fe_{2.3}O_4$/Ce-ZrO_2 是一种适合于 CL-SMR 的高循环性能储氧材料[49]。

上述以 Fe_3O_4 为主要活性物种的掺杂体系其反应主要按以下反应式进行：

$$\text{第一步：} Fe_3O_4 + 4CH_4 \longrightarrow 3Fe + 4CO + 8H_2 \tag{1.11}$$

$$\text{或} \quad Fe_3O_4 + CH_4 \longrightarrow 3FeO + CO + 2H_2 \tag{1.12}$$

$$\text{第二步：} 3Fe + 4H_2O \longrightarrow Fe_3O_4 + 4H_2 \tag{1.13}$$

$$\text{或} \quad 3FeO + H_2O \longrightarrow Fe_3O_4 + H_2 \tag{1.14}$$

第一步是 CH_4 还原 Fe_3O_4 得到 FeO 或 Fe 和合成气，部分 CH_4 可能被完全氧化为 CO_2。第二步是 FeO 或 Fe 与 H_2O 反应生成 Fe_3O_4，理论上可以得到不含 C 物种的纯氢气。

钙钛矿(ABO_3)因其构型而具有显著的储氧能力，在晶格氧部分氧化甲烷制合成气中显示出较好的氧传递能力[50]。Evdou 等[37]利用甲烷还原经过活化的 $La_xSr_{1-x}MnO_{3-\delta}$ 使之形成 $La_xSr_{1-x}MnO_{3-\delta-3\alpha_2}$，然后利用水中的氧填补氧缺位对其进行再生。研究发现该钙钛矿材料显示出较高的活性和稳定性，在 1273K 下成功地进行了 8 次循环。其反应过程可以表示为

$$La_xSr_{1-x}MnO_{3-\delta} + \alpha_2 CH_4 \longrightarrow La_xSr_{1-x}MnO_{3-\delta-3\alpha_2} + \alpha_2 CO + 2\alpha_2 H_2O \tag{1.15}$$

$$La_xSr_{1-x}MnO_{3-\delta-\alpha} + \beta H_2O \longrightarrow La_xSr_{1-x}MnO_{3-\delta-\alpha+\beta} + \beta H_2 \tag{1.16}$$

第一步是经甲烷活化后的氧缺位钙钛矿 $La_xSr_{1-x}MnO_{3-\delta}$ 进一步与甲烷

反应产生 CO 与 H_2O，第二步是 H_2O 与 $La_xSr_{1-x}MnO_{3-\delta-3\alpha_2}$ 反应生成氢气。研究发现在甲烷气体中混入少量的 O_2 能大大降低第一步过程中积碳的产生，在此过程中 H_2O 的转化率达到 70%。为了进一步研究氧迁移机理，他们对材料缺陷化学与 redox 行为之间的关系进行了探讨，发现氧缺位最大水平依赖于 Sr 的浓度和反应温度。虽然在该研究中，并没有展示十分优越的 CL-SMR 性能，但是初步证实了钙钛矿用于该工艺的可行性，为进一步的研究钙钛矿材料提供了基础数据。

此后，Evdou 等[51]研究人员所在团队进一步研究了钙钛矿材料在 CL-SMR 中的应用。该团队研究者对 $La_{1-x}Sr_xM_yFe_{1-y}O_{3-\delta}$(M=Ni，Co，Cr，Cu)材料的氧载体进行了测试，发现在 CL-SMR 循环中是可以获得比值适宜的合成气与纯氢气的，但是由于在分解水制氢步骤中，还原态钙钛矿材料不能够恢复自身所有的氧空位而导致在下一次循环中活性降低。此后他们尝试向钙钛矿中添加少量的 NiO(按照钙钛矿的 5%进行添加)，有助于提高氧载体的稳定性与反应活性。利用钙钛矿材料在高温、存在氧浓度梯度情况下优越的氧原子传输特性，他们利用 $La_{1-x}Sr_xM_yFe_{1-y}O_{3-\delta}$ 为氧载体与氧渗透膜材料以化学链重整为基础实现了合成气与纯氢气的同步制取[52]。基于同样的原理，以这些材料为膜材料在膜反应器里实现了两步法分解水反应，为该工艺提供了一种连续制取纯氢气的途径[53,54]。

以上大多数体系的工作温度一般都在 800℃以上，但是为了在氧化阶段得到纯氢气，一些研究将体系工作温度降低至 800℃以下，以确保在材料的还原过程中以完全氧化为主。Yamaguchi 等[55]以 Fe_2O_3 为基体材料，使用 Ce 与 Zr 对其进行改性，在 750℃与 600℃下，以甲烷与水蒸气为还原剂与氧化剂，在还原过程中金属氧化物能够在较低温度下完全氧化甲烷至 CO_2 与 H_2O，同时产生类似于金属 Fe 的还原态物种，在氧化步骤这些还原态物种分解水制取氢气。研究中发现 CeO_2 的添加能够提高材料的还原能力，而 ZrO_2 的添加有利于材料热稳定性。

复合氧化物充分利用不同氧化物本身的性质及其耦合特性，以期更好地实现 CL-SMR 氧载体的构建。Fe 氧化物表现出良好的甲烷氧化与分解水制氢活性，在反应过程中循环性能优良。由于铁氧化物资源丰富且易得，Fe 氧化物可以作为一种良好的氧载体材料。但是由于单纯的铁氧化物在甲烷氧化过程中更多地显示出完全氧化特性，对于目标产物合成气(H_2/CO)的选择性较低[56,57]。CeO_2 以其优越的甲烷选择性氧化性能而备受关注，研究利用该特性对 Fe 氧化物实行了掺杂，发现 CL-SMR 活性得到显著的提高。另外，钙钛矿材料作为CL-SMR氧载体被证实是可行的，但钙钛矿在redox循环中材料的稳定性能需要进一步提高，同时单一钙钛矿的反应活性需要通过适当离子掺杂来改善。

就目前的研究状况，Fe氧化物是一种良好的甲烷氧化材料，同时其还原态(FeO/Fe)是一种优越的水分解剂，具有很好的分解水制氢特性[58~62]。同时，CeO_2由于优越的氧化还原性能[63]，其晶格氧可以选择性氧化甲烷制合成气[64~77]。我们有理由期待Ce-Fe复合氧化物将成为理想的氧载体材料。鉴于钙钛矿材料普遍具有高温热稳定性，对其研究将有可能为CL-SMR寻找高热稳定性氧载体提供基础数据。

1.5.4 反应模式研究

化学链蒸汽重整制氢与合成气工艺如式(1.6)与式(1.7)所示，是通过还原反应与氧化反应的链反应循环实现甲烷与水蒸气重整。目标产物合成气与氢气是在两步反应中产生的，如果需要连续获得合成气与氢气，实现目标产物的连续化生产，反应系统的设计就尤为重要。

图1.11显示的是CL-SMR工艺连续化生产的反应模式图。图1.11(a)为循环反应系统，是由1号与2号两个固定床反应器、两组换向阀以及管道组成。使用换向阀实现两个反应器的连续工作在蓄热燃烧技术、化学链燃烧技术与其他一些替换性设备中也经常使用到，其特点在于避免了反应器内部工作物质的转移[78~81]。固定床1号反应器中装载的是还原态氧载体(还原态的氧载体是由甲烷还原反应获得)，而固定床2号反应器装载的是氧化态的氧载体。两个反应器中装载的都是透气性良好、具有一定机械强度的新鲜氧载体，反应系统启动之初由进气换向阀将甲烷气体通入1号反应器，同时将出气换向阀切换至合成气出口管道，反应一段时间之后停止向1号反应器中通入甲烷气体。这样，1号与2号反应器中的还原态与氧化态氧载体就准备就绪，此时进行第一步操作，将换向阀调整至如图1.11(a)所示状态，同时向两个反应器中通入水蒸气与甲烷气体，就可以分别在氢气出气口与合成气出气口获得目标产物。待1号与2号反应器中的还原态与氧化态氧载体反应完全后，分别转变为1号对应氧化态与2号对应还原态，此时进行第二步操作，重新切换阀门至图示管道对应情况，重复第一步操作。在氧化与还原反应时间匹配合理的情况下，重复操作第一步与第二步就可以在合成气出口与氢气出口连续获得产品气。此反应系统存在的主要缺陷在于每一周期反应完之后，残留在反应器内的含碳气体(CO与CO_2)以及可能存在的积碳会影响到下一步分解

水反应，破坏氢气的纯度品质。采用吹扫气体对反应器进行吹扫会在一定程度上缓解该问题，但是还是会增加额外的消耗(吹扫气分离与吹扫气本身成本)。

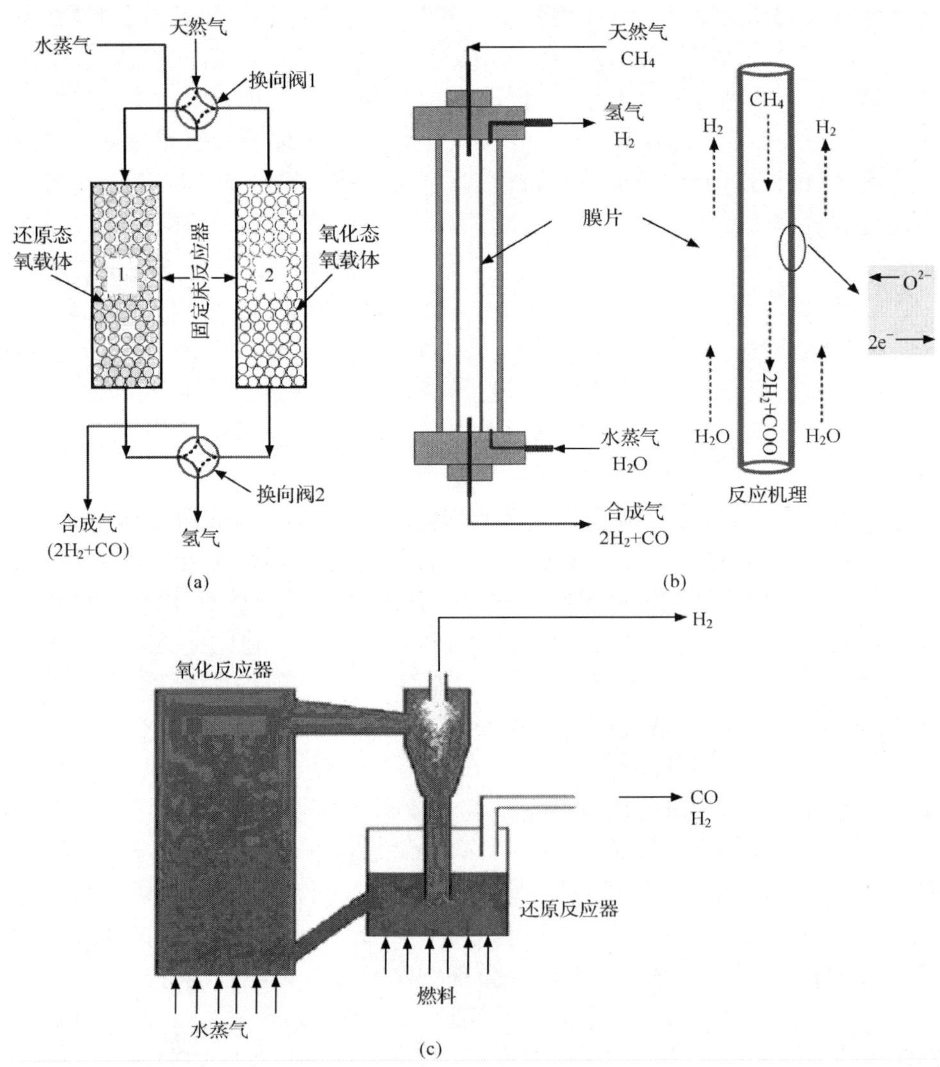

图 1.11　化学链蒸汽重整制氢与合成气反应模式

(a) 循环反应系统；(b) 膜反应器-单管反应系统；(c) 循环流化床模式

鉴于该问题的存在，为获得更为纯净的氢气，一些研究者借鉴了甲烷部分氧化工艺中的氧渗透膜概念，将氧渗透膜引入 CL-SMR 工艺中来[82～85]。氧渗透膜的特点在于只能透过氧原子，而其他气体不能透过，从而保证了产品气不受污染。图 1.11(b)为膜反应器-单管反应系统。利用膜片制备成管状，在管内部通入甲烷气体，甲烷气体获取膜材料中氧原子选择性氧化为合成气，在管外部通入水蒸气，以水蒸气为氧源对膜材料进行氧原子补充，同时利用还原态膜材料分解水制取氢气。该反应膜材料可以由适合于 CL-SMR 的氧载体材料制备而成，也可以通过具有氧渗透性材料与氧载体材料组装而成。该工艺的特点在于能够连续获取纯度高的氢气与合成气。目前已有钙钛矿结构的材料直接用于膜材料[86～88]，但是由于工艺对材料要求较为严格，要求膜材需经过高温焙烧以获得致密的结构来保证其密封性，材料的反应活性、稳定性及反应效率还需进一步的提高，通过氧载体与膜材料的匹配与组装，有望获得理想的 CL-SMR 效果。

图 1.11(c)为循环流化床反应模式。这种由还原(燃料)反应器与氧化反应器构成的循环反应系统常用于煤、天然气化学链燃烧与化学链重整技术中[89～91]。该反应装置对氧载体的强度与耐磨性能有较高要求，以保证氧载体在反应器循环过程中不易变形破碎而影响反应效率。同时这种反应模式还要求设备材料具有很好的耐磨性能与热稳定性，且原料气的流速与氧载体的比例及形状之间需有很好的匹配以保证氧载体颗粒能够在气流作用下循环流动。

无论哪一种反应模式，高性能与高稳定性的氧载体仍旧是实现 CL-SMR 技术的关键突破点。

1.5.5 潜在前景与发展意义

当前工业化进程中，煤炭与石油资源被广泛使用而逐渐枯竭。另外，煤炭与石油在使用过程中产生的污染在环境法规日益严格的情况下备受关注。清洁能源的开发利用已成为能源发展过程中迫切需要解决的问题。在诸多的清洁能源中，天然气作为含碳量最低的碳氢燃料，因其资源丰富、本身高热值、低污染的特性，而被称做优质能源，21 世纪也被誉为天然气时代。此外，天然气作为资源最丰富、含氢量最高的物质，是最接近氢能的能源形式，是通往氢能时代的桥梁。天然气资源转化利用技术在能源紧缺时代是具有战略性意义的。

氢能作为一种清洁可再生能源是未来的主要能源。积极推广氢能的利用，能够缓解能源污染与氢能技术储备，为迎接氢能时代的到来铺垫道路。氢能作为清洁可再生能源，其本身的利用是无污染、零排放的，但是要氢能的获取完全依靠可再生资源来实现是一个长期而又艰巨的任务。在当前很长的一段时间内,依靠传统燃料制氢是氢能推广应用的必经之路。利用最接近氢能的天然气为资源的制备氢能技术是具有现实意义的。

制氢方式包括化石燃料制氢与可再生能源制氢,可再生能源制氢的实现过程是一个长期的过程,就制氢成本和投资而言,与传统化石燃料制氢技术相比不具有优势。在利用化石燃料制氢技术中,天然气蒸汽重整技术(SMR)是目前工业中主要使用的大规模制氢方式。虽然与其他技术相比,SMR 技术是一种相对廉价的制氢途径,但由于该技术本身存在诸多问题,严重限制了其能源利用效率的提高。该工艺中产出的合成气中 $n(H_2)/n(CO)$一般都约为 3,需要经过一系列工序分离净化处理才能用于化工生产中,其中碳资源没有得到充分利用(分离出的二氧化碳直接排放)。

基于制氢技术与制氢资源的状况,CL-SMR 技术应运而生,致力于高效天然气转化与制氢技术的开发。CL-SMR 最大的特点在于利用氧载体的 redox 反应实现分别获得 $n(H_2)/n(CO)$大约为 2 的合成气与纯氢气,免去了分离步骤,合成气可直接用于甲醇合成,氢气可作为燃料用于燃料电池。因此 CL-SMR 制氢与合成气工艺的实施将对现有天然气转化与制氢技术产生重大影响。

氧载体是 CL-SMR 制氢与合成气工艺中的关键突破点,开发与设计出热稳定性好、活性高、循环性能优越的氧载体对于该技术的工业化应用具有十分重要的意义。本书将主要结合现代分析检测手段、热力学分析软件与实验室自制评价平台,为氧载体的设计与开发提供理论依据,以期构建适合 CL-SMR 技术的氧载体,为该技术规模化应用加快速度。

1.6 小　　结

本章从能源消费状况的角度来解读未来发展趋势,并预测在不久的将来,天然气作为一种实用性清洁能源将在世界能源消费结构中扮演重要的角色。天然气资源的丰富储量为未来天然气的应用与推广奠定了必要的基础,通过分析制氢技术手段,指出以天然气为原料的制氢方式具有的优越性。针对目前天然气蒸汽重整制氢技术的潜在改进空间,对具有相对优势的化学链蒸汽重整技术及其原理进行介绍,重点阐述了其氧载体的应用、开发与设计,并对该技术的发展前景作出了评述。

第2章　实验综述

2.1 引　　言

本章主要根据实验设计与实验需要，介绍了包括试剂、主要设备及其使用方法、材料制备具体过程、材料表征手段、氧载体性能指标评价实验及其评价指标等方面的详细过程。

2.2 主要化学试剂和实验设备

2.2.1 主要化学试剂

表2.1列出了实验所用化学试剂、规格及生产厂家。

表2.1　实验所用化学试剂、规格及生产厂家

试剂名称	分子式	相对分子质量	规格	生产厂家
纯甲烷	CH_4	16.0	>99.99%	昆明氧气厂
高纯氮气	N_2	28.08	>99.5%	昆明氧气厂
氢气	H_2	2.05	>99.9%	梅塞尔气体有限公司
氩气	Ar	39.95	>99.99%	梅塞尔气体有限公司
硝酸镍	$Ni(NO_3)_2\cdot 6H_2O$	290.78	分析纯	天津市科密欧化学试剂开发公司
偏钨酸铵	$(NH_4)_6(H_2W_{12}O_{40})\cdot 4H_2O$	1887.31	分析纯	国药集团
硝酸铁	$Fe(NO_3)_3\cdot 9H_2O$	404	分析纯	汕头市西陇化工厂
硝酸锆	$Zr(NO_3)_4\cdot 5H_2O$	429.33	分析纯	天津市福晨化学试剂厂
硝酸铈	$Ce(NO_3)_3\cdot 6H_2O$	424.34	分析纯	天津市福晨化学试剂厂
氧化铈	CeO_2	172.14	分析纯	天津市福晨化学试剂厂
高纯铁粉	Fe	55.84	分析纯	天津市光复精细化工研究所
硝酸镧	$La(NO_3)_3\cdot 6H_2O$	432.99	分析纯	天津市福晨化学试剂厂
硝酸锶	$Sr(NO_3)_2$	211.63	分析纯	天津市博迪化工有限公司

续表

试剂名称	分子式	相对分子质量	规格	生产厂家
柠檬酸	$C_6H_8O_7 \cdot H_2O$	210.14	分析纯	天津市致远化学试剂有限公司
氢氧化钠	NaOH	40	分析纯	汕头市达濠精细化学品公司
无水乙醇	CH_3CH_2OH	46.07	分析纯	汕头市达濠精细化学品公司
蒸馏水	H_2O	18	分析纯	自制

2.2.2 实验设备

表 2.2 列出了实验所用主要仪器设备。

表 2.2 实验所用主要仪器设备

仪器名称	型号	生产厂家
气相色谱分析仪	7890A GC/HP-Plot 5A、HP-Plot-Q	安捷伦有限公司
红外线气体分析仪	NDIR 型(0～5%)	上海宝英光电科技有限公司
电子天平	FA2004N 型	上海精密科学仪器有限公司天平仪器厂
电子天平	AL204-IC	梅特勒-托利多仪器(上海)有限公司
箱式电阻炉	YFSRJX-4-4-13(1300℃)	上海市崇明实验仪器厂
电炉温度控制器	KSY-6-16	上海市崇明实验仪器厂
管式电炉	YFFK80 * 1000/12T-GC	上海意丰电炉厂
多工位真空管式炉	GSL-1100X	合肥科晶材料技术有限公司
蠕动泵	YZ-1515	天利流体有限公司
电热恒温鼓风干燥箱	DHG-9240A 型	上海一恒科学仪器有限公司
超级恒温水槽	HASS	金坛市荣华仪器制造有限公司
数显恒温多头磁力搅拌器	HJ-4A	金坛市荣华仪器制造有限公司
循环水式真空泵	SHZ-D(Ⅲ)	巩义市予华仪器有限责任公司
粉末压片机	769YP-24B	天津市科器高技术公司
美的冰箱	BCD-193EM	美的集团电冰箱制造(合肥)有限公司
微量无机型超纯水机	AWL-0501-UT	外商独资重庆颐洋企业发展有限公司

2.3　各组分气体相对校正系数的测定方法

实验中采用安捷伦 7890A GC System 型气相色谱仪(图 2.1),分析反应前后气体中 O_2、N_2、CH_4、CO 与 CO_2的含量,在对产物气体进行定量分析之前先对各个组分的相对校正因子进行了测定。色谱数据处理软件采用安捷伦开发的数据处理工作站,工作界面如图 2.2 所示。

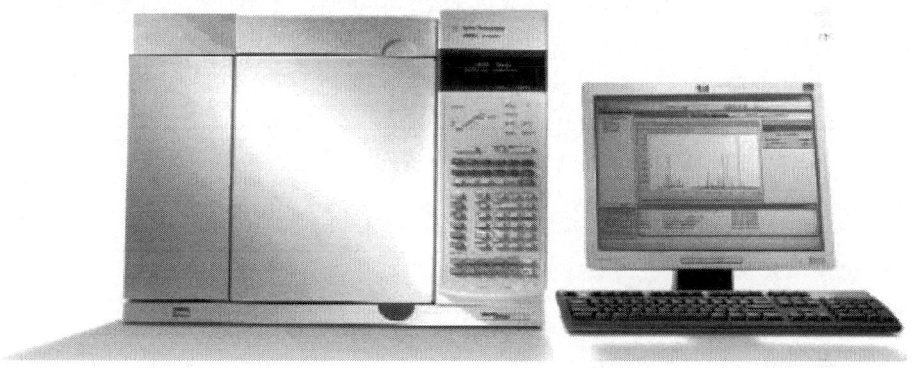

图 2.1　7890A GC System 型气相色谱仪

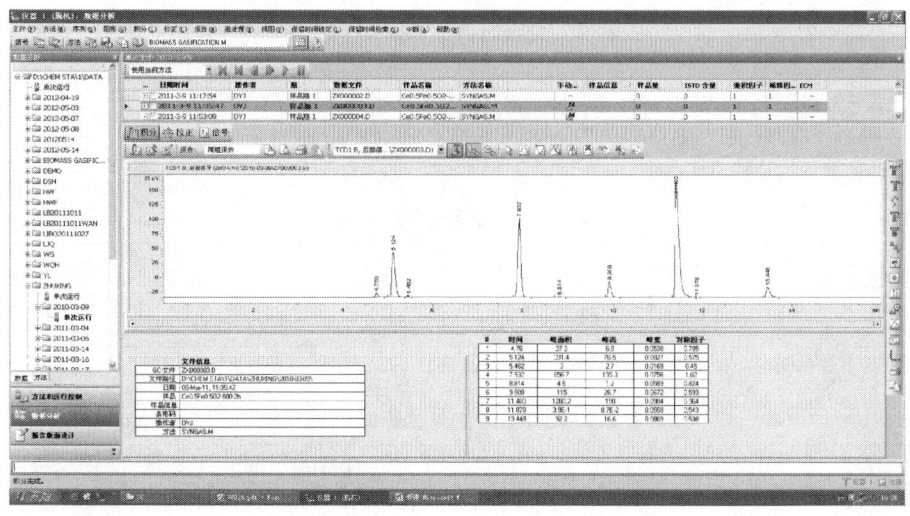

图 2.2　7890A GC System 色谱工作站界面

气体的校正系数测量过程是通过纯气体与氮气配成不同浓度的混合气，依次测定不同浓度下气体的校正系数，求平均值来获得较为准确的校正系数。气体相对校正系数测量公式为

$$\text{校正系数} = \frac{\text{实际气体体积含量}}{\text{氮气体积含量}} \times \frac{\text{氮气峰面积}}{\text{气体峰面积}} \tag{2.1}$$

各个组分相对校正因子测定条件(色谱型号：Agilent 7890A GC System；色谱柱：HP-Plot 5A 型、HP-Plot-Q 型；色谱柱连接方式：串联；载气：氩气)详细参数见表 2.3。色谱柱有关参数见表 2.4，柱箱参数见表 2.5，成分含量定量计算采用面积归一方法。

表 2.3　色谱测量参数

项目	变量	参数
后进样口	温度	80℃
	压力	10.859psi
	流速	27.000mL/min
	隔垫吹扫	3.0mL/min
后检测器(TCD)	温度	250℃
	实用气流量	3.000mL/min
	尾气吹扫流量	6.000mL/min
	信号值	−33.0
辅助加热区温度	150℃	—
色谱柱流量	色谱柱 1	4.000mL/min

注：psi 为非法定单位，1psi=6.89476×10^3Pa。

表 2.4　色谱柱有关参数

色谱柱类型	长度/m	外径/mm	内径/μm	程序升温范围/℃
HP-Plot 5A	30	0.32	25	350
HP-Plot-Q	30	0.53	40	270/290

表 2.5　柱箱温参数

项目	升温速率/(℃/min)	数值/℃	保持时间/min	运行时间/min
初始	—	60	5.5	5.5
附升 1	5	77.5	0	9
附升 2	6	100	3.25	16

2.4 氧载体的制备

2.4.1 Ce-M-O与CeO_2氧载体的制备

采用共沉淀方法制备CeO_2-ZrO_2、CeO_2-Fe_2O_3与CeO_2-NiO氧载体。分别以Ce $(NO_3)_2 \cdot 6H_2O$、$Fe(NO_3)_3 \cdot 9H_2O$、$Ni(NO_3)_2 \cdot 6H_2O$、$Zr(NO_3)_4 \cdot 5H_2O$为原料，按n(Ce)∶n(Zr)、n(Ce)∶n(Fe)、n(Ce)∶n(Ni)均为7∶3的比例配制成一定浓度溶液(盐浓度0.25mol/L)，在70℃激烈搅拌下向混合溶液中缓慢滴加NaOH溶液(5mol/L)至pH=7～8，停止滴加NaOH溶液并保持搅拌1h，然后继续滴加NaOH溶液至pH=11，持续搅拌1h，并老化2h后，进行过滤。沉淀物经水洗、醇洗数次后，放入干燥箱中110℃干燥24h。烘干后的固体放入马弗炉中300℃焙烧2h，降至室温后取出研磨1h(玛瑙研钵规格为200mm)。研磨后的粉体在800℃焙烧6h，得到所需氧载体。纯CeO_2以同样方法制备。每次每种氧载体制备量控制为12g，使用10MPa的压力进行造粒备用。

采用共沉淀方法制备CeO_2-WO_3氧载体。以Ce $(NO_3)_2 \cdot 6H_2O$、$(NH_4)_6(H_2W_{12}O_{40}) \cdot 4H_2O$为原料，按$n$(Ce)∶$n$(W)等于7∶3的比例配制成一定浓度溶液(盐浓度0.25mol/L)，在70℃激烈搅拌下向混合溶液中缓慢滴加25%氨水至pH=9～10，停止滴加并保持搅拌1h，然后继续滴加至pH=11，持续搅拌1h，并老化2h后，进行过滤。沉淀物经水洗、醇洗数次后，然后放入干燥箱中110℃干燥24h。烘干后的固体放入马弗炉中300℃焙烧2h，降温后取出研磨1h。研磨后的粉体在800℃焙烧6h，得到所需CeO_2-WO_3氧载体，一次制备量为12g，使用10MPa的压力进行造粒备用。

2.4.2 Ce-Fe-O氧载体的制备

Ce-Fe-O氧载体($Ce_{1-x}Fe_xO_{2-\delta}$，x=0，0.1，0.2，0.3，0.4，0.5，0.6，1)氧载体按照如2.3.1中的方法通过不同的Ce与Fe硝酸盐配比制备而成，焙烧温度800℃焙烧2h。每种氧载体每次制备量控制为12g，使用10MPa的压力进行造粒备用。

2.5 材料表征

2.5.1 物相组成分析

氧载体以及其他物相组成分析分别由日本理学3015升级型和D/max-Rc型X射线衍射仪进行测定,Cu靶,电压35kV,管电流20mA,扫描速度5°/min,扫描范围$2\theta=20°\sim100°$。

2.5.2 微观形貌和元素分析

氧载体反应前后的微观形貌和元素组成分析采用Philip公司的XL30ESEM扫描电子显微镜(SEM),并与美国EDAX公司PHOENIX能谱仪(EDS)联用完成。

2.5.3 程序升温氢还原实验

程序升温氢还原实验(H_2-TPR)在美国Quantachrome Instruments公司生产的TPR Win v 1.50仪器中进行。实验过程在10%(体积分数)H_2/Ar混合气气流中进行,以10℃/min的升温速率从室温升高至900℃,氦气流量为$75cm^3/min$,仪器在此过程中根据系统软件自动记录氢气消耗的感应,并给出TPR谱图。

2.5.4 比表面积测定

采用BET法在美国Quantachrome Instruments公司CHEM BET-3000脉冲气相色谱化学吸附仪上测定样品的比表面积。在液氮温度(77.4K)下,分别测定氮气吸附分压p/p_0在0.1、0.2和0.3时的脱附峰面积,并记录校正气体量和校正峰面积,然后根据BET公式计算比表面积。

2.5.5 X射线光电子能谱分析

X射线光电子能谱(XPS)是表征催化剂的表面元素化学组成、结构和电子特性的一种手段,其主要用来研究催化剂的表面组成和结构与催化剂反应行为之间的关系。XPS实验是在美国PHI5500型X射线光电子能谱仪上进行的,采用Mg K_α作为辐射源,功率200W,测量精度为±0.2eV。样品表面相对原子比按照光谱峰面积计算得到。

2.5.6　拉曼测试

拉曼光谱(Raman spectroscopy)分析采用英国雷尼绍(Renishaw)公司的Invia显微激光拉曼光谱仪。入射光波长λ=514.5 nm,采用Ar^+激光器,用于样品测试激光器输出功率为4mW,分辨率5cm^{-1},显微镜物镜×20,扫描范围100～1800cm^{-1},曝光时间40s。

2.6　固定床中氧载体的活性评价

氧载体活性评价在自建的一套常压小型固定床反应装置上进行,如图2.3所示。该系统由气流控制部分、水蒸气发生装置、反应器及温度控制部分、尾气冷却与收集装置和气体分析仪器(气相色谱仪)组成。石英管反应器长500mm,内径为15mm。

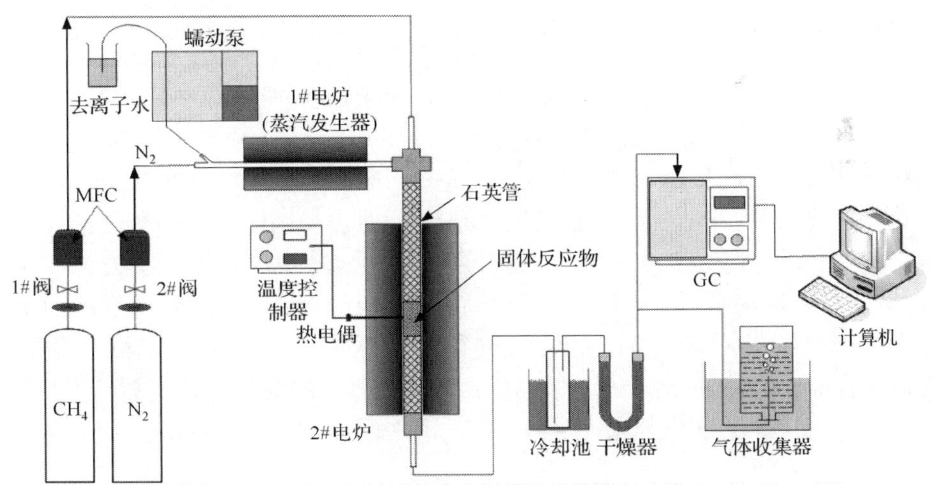

图2.3　氧载体活性评价实验装置示意图

2.6.1　甲烷转化反应

将造粒后得到的20～40目氧载体放置反应器中部,其他部分填充20～40目的石英砂,以减少反应器的死体积。反应器在一个多工位真空管式炉中进行加热,控温精度为±1℃。放入氧载体后,先在300℃的N_2(纯度99.99%)气氛中干燥30min,升温至所需温度后通入原料气(甲烷纯度为

99.99%)，利用质量流量计控制调节气体流量，本实验甲烷流量均为10Ncm³/min①。产物气经冷却装置后进入尾气收集装置。甲烷在氧载体上的程序升温(450～900℃)实验，升温速率为15℃/min。甲烷恒温还原实验反应温度为850℃。

2.6.2 分解水反应

按照2.6.1操作，在850℃甲烷恒温还原实验中反应合适的时间后停止通入甲烷，改通流速为50Ncm³/min氮气30min，同时将多工位真空管式炉温度设置为指定温度恒温，并且将启动用于加热的水蒸气控温电炉，将温度设置为400℃，30min后待多工位真空管式炉温度稳定在指定温度下、用于产生水蒸气的控温电炉温度升至400℃时打开蠕动泵开关(事先将流量设置为0.18g/min不变，每次实验前更换去离子水)，并开始计时，对尾气进行收集或检测。

2.6.3 CL-SMR循环实验

装好氧载体后，先在300℃的50Ncm³/min的氮气(纯度99.99%)气氛中干燥30min，升温至指定温度后通入原料气(甲烷纯度为99.99%)，利用质量流量计调节气体流量将流量控制在10Ncm³/min，反应一定时间后停止通入甲烷，改通流速为50Ncm³/min氮气30min，同时启动用于加热水蒸气的控温电炉，将温度设置为400℃，30min后待用于加热水蒸气的控温电炉温度升至400℃时打开蠕动泵开关(事先将流量设置为0.18g/min不变，每次实验前更换去离子水)，并开始计时，对尾气进行收集或检测。待分解水反应进行30min后，停止通入去离子水，关闭用于加热水蒸气的控温电炉与蠕动泵，继续通入氮气对样品进行干燥，干燥后重复上述操作进行下一次循环。

2.7 原位CH_4还原评价实验

采用甲烷程序升温原位还原(*in situ* CH_4-temperature programmed reduction)与甲烷恒温原位还原(*in situ* CH_4-isothermal reduction)来考察氧载体的选择性氧化性能与还原性能，该评价在自建的一套常压小型固定床反应装置上进行，如图2.4所示。

---

① 10Ncm³/min表示每分钟的标准体积为10cm³，其中N表示标准状态。

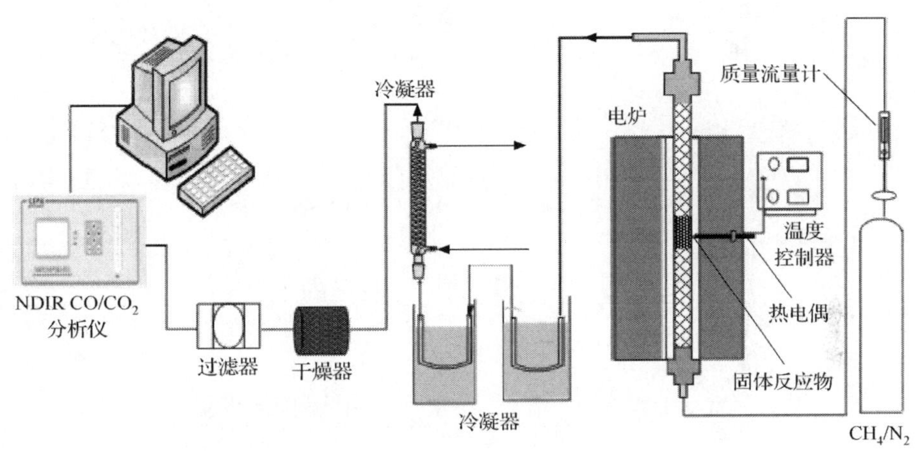

图 2.4 原位 CH_4 还原评价实验装置示意图

该评价装置由反应原料气、反应系统和检测系统三部分组成。原料气流量由质量流量计进行控制。反应系统中石英管反应器内径为 15mm，加热装置为多工位真空管式炉。反应后的尾气经过冷凝与冷井冷却处理并过滤之后连接至 DIR 型 CO/CO_2 检测器入口。

为保证 DIR 型 CO/CO_2 检测器的灵敏度与精度，每次实验之前都需要使用标准气体对其进行校对，校对之后使用高纯氮气对其调零。

按照 2.6.1 中的方法进行样品装填等准备工作，待氧载体装填完毕，先在 300℃的 N_2(纯度 99.99%)气氛中干燥 30min，升温至所需温度后通入原料气(甲烷纯度为 5.00%，平衡气为 N_2)，利用质量流量计控制调节气体流量，本实验甲烷流量均为 200Ncm^3/min。产物气经冷却装置后进入尾气收集装置。甲烷在氧载体上的程序升温(300～900℃)实验，升温速率为 10℃/min。甲烷恒温还原实验的反应温度为 850℃。

2.8 氧载体的性能评价指标

选择如下四个指标对氧载体的反应性能进行活性评价，其计算公式为

CH_4转化率计算公式：

$$X_{CH_4} = 1 - \frac{\text{尾气中的 } CH_4 \text{ 物质的量}}{\text{原料气中 } CH_4 \text{ 物质的量}} \times 100\% \tag{2.2}$$

H_2选择性计算公式：

$$S_{H_2}=\frac{\text{尾气中 }H_2\text{ 物质的量}}{\text{尾气中 }H_2\text{ 物质的量}+\text{尾气中 }H_2O\text{ 物质的量}}\times 100\% \tag{2.3}$$

CO 选择性计算公式：

$$S_{CO}=\frac{\text{尾气中 CO 物质的量}}{\text{尾气中 CO 物质的量}+\text{尾气中 }CO_2\text{ 物质的量}}\times 100\% \tag{2.4}$$

H_2和 CO 的比值：

$$n_{H_2}/n_{CO}=\frac{\text{尾气中 }H_2\text{ 物质的量}}{\text{尾气中 CO 物质的量}} \tag{2.5}$$

合成气产量：

$$V_{syngas}=V_{H_2}+V_{CO}\quad\text{（适用于甲烷转化步骤）} \tag{2.6}$$

氢气产量：

$$V_{H_2}=\text{氢气含量}\times\text{体积} \tag{2.7}$$

2.9 小　　结

本章总结了化学链蒸汽重整制氢与合成气实验室规模的实验平台搭制、氧载体性能评价方法与化学反应过程中材料表征手段，以期能够为重复实验或相关研究领域提供参考。

第3章 铈基氧载体的 redox 性能

3.1 引 言

在化学链蒸汽重整制氢与合成气的体系中，氧载体的设计与构建是影响体系性能的重要因素。氧载体在反应过程中起到了氧的传递作用，通过两步反应实现氢气与合成气的制取。合适的氧载体能够保证在甲烷转化还原阶段失去晶格氧，而在分解水反应中能够很好地通过水中氧恢复氧载体晶格氧。因此，在本章中，基于晶格氧选择性氧化甲烷制合成气氧载体的思路，作者围绕具有较高储氧能力的氧化铈，在前人研究与热力学筛选的基础上，拟通过添加 Zr、W、Fe 与 Ni 元素来构建化学链蒸汽重整氧载体的雏形。

在金属氧化物与甲烷反应以及还原态金属氧化物与水反应的热力学分析基础上，初步选择 CeO_2 氧载体和由 Ce-M-O(M＝Zr、W、Fe、Ni)二元复合氧化物为化学链蒸汽重整氧载体。本章采用共沉淀法制备了纯 CeO_2 氧载体和 Ce-M-O(M＝Zr、W、Fe、Ni；n(Ce)∶n(M)＝7∶3)二元复合氧化物型氧载体，并对其材料进行了表征，利用固定床反应器对氧载体的甲烷转化活性与分解水活性进行了评价，以期获得具有优良性能的氧载体。以铈为主体的金属氧化物显示出优越的储氧能力与催化活性[92,93]，本章铈基复合氧化物中 n(Ce)∶n(M)暂选为7∶3。

3.2 金属氧化物热力学分析

在金属氧化物的选择上，同样可以在一些在甲烷转化反应与分解水反应中已得到应用的金属氧化物中进行选择，以避免筛选的盲目性。在化学链蒸汽重整制氢与合成气体系中主要选择下列单金属氧化物进行热力学上的初步分析：ZnO、CeO_2、WO_3、SnO_2、In_2O_3、Nb_2O_5、Fe_2O_3、NiO、V_2O_5与Mn_3O_4。

从图 3.1(a)可以看出：$\Delta G^\ominus$ -T 图的不同金属氧化物参与甲烷选择性氧化反应所对应的 $\Delta G^\ominus$ 随着温度的升高而减小，说明该反应为吸热反应，反应温度的升高有利于反应向正方向进行。图中虚线代表的是 $\Delta G^\ominus = 0$ 时的直线，当温度不断升高时不同金属氧化物对应的 $\Delta G^{\ominus}$ -T 直线图向下倾斜并接近 $\Delta G^{\ominus}=0$ 直线，当温度大约高于 800℃时所有的金属氧化物参与的甲烷部分氧化反应吉布斯自由能都小于零，即所有的金属氧化物参与的甲烷部分氧化制合成气反应在温度高于 800℃时在热力学上是可行的。热力学上不同金属氧化物对应的还原温度顺序依次为：Mn_3O_4＞NiO＞Fe_2O_3＞SnO_2＞WO_3＞In_2O_3＞V_2O_5＞CeO_2＞Nb_2O_5＞ZnO。

图 3.1(b)是还原产物分解水反应随温度变化的 $\Delta G^{\ominus}$ 图，与甲烷选择性氧化反应 $\Delta G^{\ominus}$ -T 图相比，在分解水制氢反应中，还原态金属氧化物所对应的 $\Delta G^{\ominus}$ -T 曲线较为平坦，这说明该类反应的 $\Delta G^{\ominus}$ 受温度的影响较小，但是大多数反应整体趋势是随着温度的升高，$\Delta G^{\ominus}$ 降低。较高的反应温度有利于反应的进行。在考察温度区域（0～1000℃）内，除 MnO 与 Ni 外所有还原产物在热力学上都是可以分解水制取氢气并且恢复自身晶格氧的。MnO 在所考察温度区域内不具备分解水制氢的热力学可能性。金属 Ni 在温度高于 600℃的条件下是可能分解水制氢的。

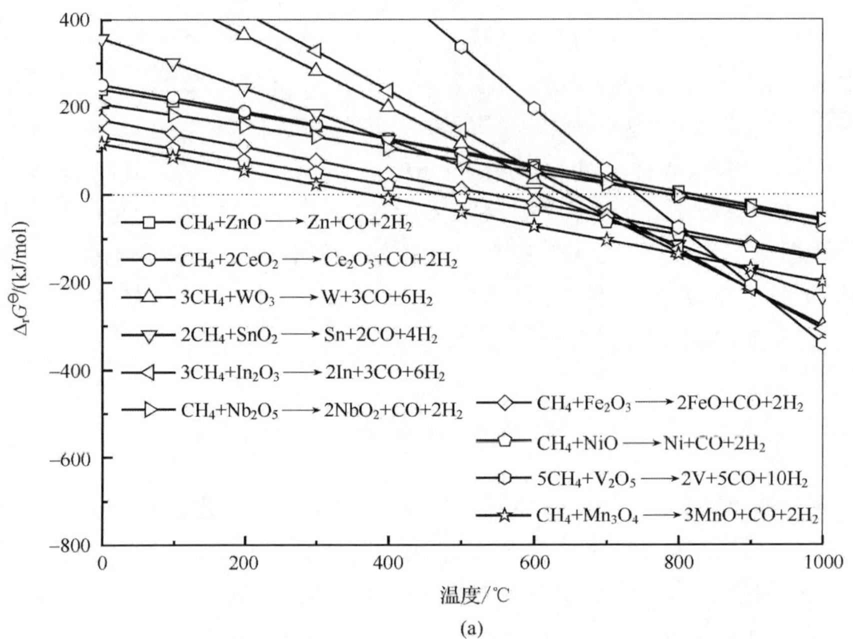

(a)

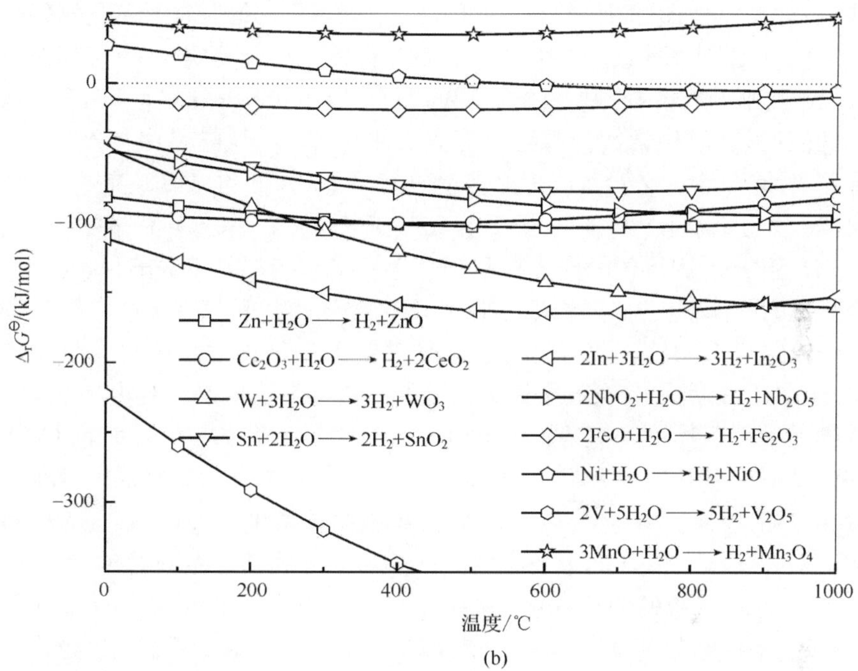

(b)

图 3.1　不同金属氧化物参与的 $M_xO_y+\delta CH_4 \longrightarrow M_xO_{y-\delta}+\delta(CO+2H_2)$ 与 $M_xO_{y-\delta}+\frac{\delta}{2}H_2O \longrightarrow M_xO_y+H_2$ 反应随温度变化的 $\Delta G^{\ominus}$

从图 3.1 可以看出，除 Mn_3O_4 外，大部分金属氧化物具有实施 CL-SMR 反应的热力学可能性。但是在实际实施过程仍存在诸多问题，如金属氧化物在甲烷选择性氧化阶段与分解水阶段反应活性，以及热化学循环中的化学稳定性等问题需要解决。

鉴于 CeO_2 及其掺杂氧化物在 redox 反应中表现出来的优越性能[47]，我们选择 CeO_2 为基体材料，使用一些曾用于甲烷部分氧化的金属氧化物对其进行掺杂改性，以期获得具有较高 CL-SMR 反应活性的复合金属氧化物氧载体。

3.3　铈基氧化物的表征

表 3.1 给出了根据 XRD 检测数据利用 MDI Jade 5.0 软件计算得到的氧化铈和铈基复合氧化物的平均晶粒尺寸及晶格常数，主要的氧化铈晶格常数

是基于(1 1 1)晶面进行计算的[94]。图 3.2 为 CeO_2 和铈基复合氧化物氧载体的 XRD 图谱。从 CeO_2图谱可以观察到位于 $2\theta=28.5°$的最强峰与其他位置的氧化铈特征峰,这说明制备的样品为萤石型立方结构的 CeO_2。对于 CeO_2-ZrO_2的图谱,从晶格常数计算结果可以看出 CeO_2-ZrO_2样品中,CeO_2晶格常数有所收缩(CeO_2-ZrO_2 晶格常数为 0.5334nm,而纯 CeO_2 晶格常数为 0.5414nm),这说明在制备的过程中 Zr^{4+} 完全进入了 CeO_2 晶格中,形成了 Ce-Zr-O 固溶体,固溶体的形成有利于产生晶格畸变与晶格缺陷,从而在一定程度上提高其储氧能力。除此之外,从图谱中还可以观察到 CeO_2-ZrO_2图谱衍射峰较纯 CeO_2中的有所宽化,这意味着制备的铈锆固溶体具有较小的晶粒,从图中还可以看出,在五个样品中该样品具有最小的晶粒粒度。在 CeO_2-WO_3样品中可以检测到立方结构的 CeO_2与单斜晶系的 WO_3,而且 CeO_2与 WO_3的特征衍射峰也十分明显,这意味着 WO_3并没有像其他样品一样很好地分散在 CeO_2表面。由于 Ce^{4+} 与 W^{6+} 的晶胞参数差别较大,并不会有固溶体形成。对于 CeO_2-Fe_2O_3,从图谱上可以观察到明显的萤石型立方结构的 CeO_2与六方晶结构的 α-Fe_2O_3。氧载体微观结构数据显示 CeO_2-Fe_2O_3样品中的 CeO_2晶格参数为 0.5405nm,较纯 CeO_2的 0.5413nm 要小。这也意味着部分 Fe^{3+} 进入了 CeO_2 晶格中形成了 Ce-Fe-O 固溶体。但是由于 Ce^{4+} 与 Fe^{3+} 的离子半径相差较大,形成 Ce-Fe-O 固溶体较为困难,CeO_2-Fe_2O_3样品中的固溶体含量较少[95]。在 CeO_2-NiO 样品中我们也观察到了同样的现象,氧载体微观结构数据显示 CeO_2-NiO 样品中的 CeO_2晶格参数为 0.5337nm,较纯 CeO_2的 0.5413nm 要小得多,这说明 CeO_2发生了较为严重的晶格畸变,CeO_2-NiO 复合氧化物中形成了大量的 Ce-Ni-O 固溶体。Ni^{2+} 半径(0.072nm)较 Ce^{4+}(0.101nm)的小,比较容易进入 CeO_2晶格中形成固溶体[96]。

表 3.1 CeO_2和铈基复合氧化物氧载体微结构数据

氧载体	晶粒尺寸/nm		晶格常数/nm		
			CeO_2	MO	
	CeO_2	MO	a	a	c
CeO_2	28.1	—	0.5413	—	—
CeO_2-ZrO_2	7.0	7.0	0.5334	0.5334	—
CeO_2-WO_3	23.6	39.2	0.5412	0.7845	—
CeO_2-Fe_2O_3	21.8	29.7	0.5405	0.5046	1.3732
CeO_2-NiO	16.4	16.5	0.5337	0.5587	—

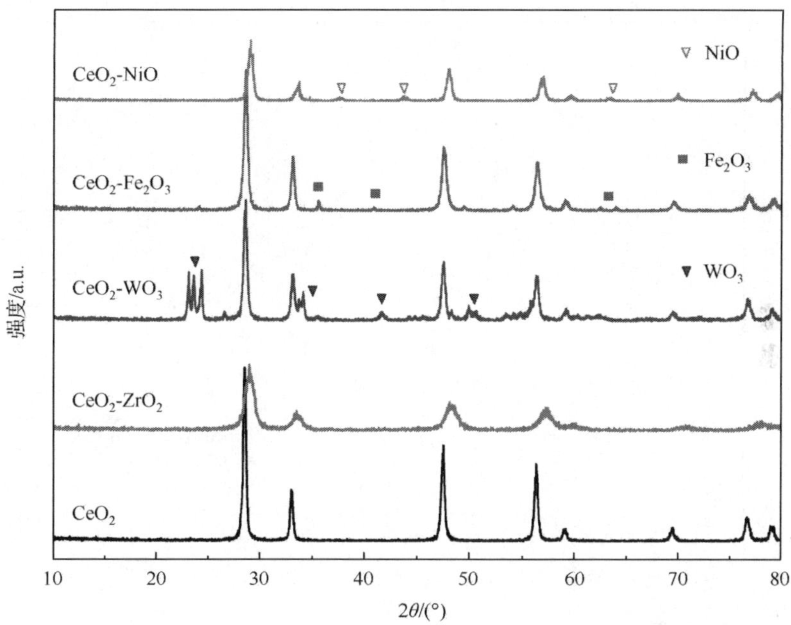

图 3.2　CeO_2、CeO_2-ZrO_2、CeO_2-WO_3、CeO_2-Fe_2O_3 与 CeO_2-NiO 氧载体的 XRD 图谱

如表 3.2 所示，与文献上所报道的相一致[97]，CeO_2-ZrO_2 固溶体具有高的比表面积，这说明实验中制备的 CeO_2-ZrO_2 固溶体可能具有较小的粒度与复杂的内表面，同时也意味着该氧载体具有较高的活性与气体吸附性。其次，纯 CeO_2 也具有较高的比表面积，但是较 CeO_2-ZrO_2 固溶体比表面积有所下降，这是因为掺杂了 Zr 之后，Zr 进入 CeO_2 晶格中造成晶格畸变产生晶格缺陷，导致氧化物吸附性增强，比表面积增加。CeO_2-NiO、CeO_2-Fe_2O_3 与 WO_3-CeO_2 氧载体的比表面积较纯 CeO_2 都有所下降。虽然 XRD 研究表明 CeO_2-NiO 与 CeO_2-Fe_2O_3 氧载体中有部分 Ce-Ni-O 与 Ce-Fe-O 固溶体形成，但由于掺杂金属氧化物自身性质的限制，其比表面积并没有得到提高。

表 3.2　铈基氧化物氧载体比表面积

氧载体	CeO_2	CeO_2-ZrO_2	WO_3-CeO_2	CeO_2-Fe_2O_3	CeO_2-NiO
比表面积/(m^2/g)	21.076	40.466	11.469	13.763	16.754

氧化铈和铈基复合氧化物氧载体的 H_2-TPR 图谱如图 3.3 所示。CeO_2 的 H_2-TPR 图谱中有两个明显的氢气还原峰，分别在 500℃与高于 900℃处，可以归结为 CeO_2 表面晶格氧与体相晶格氧的还原[98]。

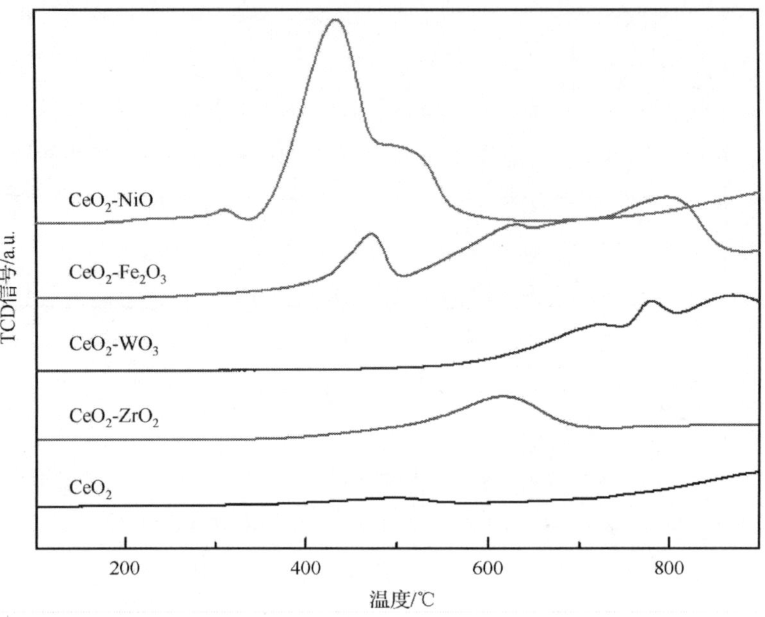

图 3.3　CeO_2、CeO_2-ZrO_2、CeO_2-WO_3、CeO_2-Fe_2O_3与 CeO_2-NiO 氧载体的 H_2-TPR 图谱

CeO_2-ZrO_2固溶体样品的 H_2-TPR 图谱在 625℃与高于 900℃分别有一个较强与较弱的氢气还原峰。低温氢气还原峰归结于表层 Ce^{4+} 的还原，而高温氢气还原峰对应的是体相晶格氧的还原，低温表面晶格氧的还原为主要的氢气还原消耗量，这说明 CeO_2-ZrO_2内部体相晶格氧较难还原[99]。

据文献报道 WO_3的氢气还原峰较为复杂，在 572℃与 900℃之间，有五个氢气还原峰，这是由于较为复杂 $WO_3 \rightarrow W^0$ 的氢气还原过程导致的，在氢气的还原过程中该步骤通过一些中间过渡氧化物 WO_{3-x}（$W_{20}O_{58}$、$W_{18}O_{49}$、$W_{24}O_{68}$）与 WO_2将整个还原过程分成五步[100]。CeO_2-WO_3样品在氢气的还原过程中具有三个主还原峰，分别在 720℃、780℃ 与 820℃，以及在 400℃出现的微弱还原峰，其氢气还原峰特征可以归结于 CeO_2与 WO_3体相晶格氧还原的双重效应。

对于 CeO_2-Fe_2O_3样品，其氢气还原峰形较纯 CeO_2有很大的不同，其三个较强氢气还原峰分别出现在 475℃、635 ℃与 790℃。样品中晶格氧分为三步还原，这可以解释为 CeO_2-Fe_2O_3中的 Fe_2O_3由于受到 CeO_2或 Ce-Fe-O 固溶体的相互作用，其还原阶段可以描述成 $Fe_2O_3 \rightarrow Fe_3O_4 \rightarrow FeO \rightarrow Fe^0$，而消耗氧源自表面 Fe_2O_3、CeO_2或 Ce-Fe-O 固溶体表面氧与 CeO_2体相氧。对比纯

CeO_2的氢气还原峰，可以看出 CeO_2-Fe_2O_3中表面 Fe_2O_3与 CeO_2的主要氢气还原峰相重叠，说明二者的氢气还原可能同时发生[101]。

CeO_2-NiO 的氢气还原图谱分别在 320℃、435℃、490℃与 900℃以上出现了四个还原峰。第一个低温氢气还原峰源自于样品表面吸附氧。纯 NiO 的氢气还原特征峰为分别处于 425℃与 497℃两个梯级还原峰，这是因为 NiO 的氢气还原过程可以分为两步 $NiO \rightarrow Ni^{\delta+} \rightarrow Ni^0$[102]。但是在 CeO_2-NiO 样品中，其氢气还原峰形出现较大的差异，这可能是源于样品中不同类型的 NiO 氢气还原相互作用的结果。根据 XRD 分析的结果，在样品中出现了三种 NiO 物种：聚集于 CeO_2 表面的 NiO、Ce-Ni-O 固溶体中的 NiO 与分布于 Ce-Ni-O固溶体表面上的 NiO，据文献报道[102]，Ce-Ni-O 固溶体中的 Ni^{2+} 较难被还原，在氢气还原过程中不会出现氢气还原峰。进而，第二个氢气还原峰应源自于游离 NiO 的第一步还原与 CeO_2 表面氧还原的综合效果，而第三个氢气还原峰应源自于 CeO_2 表面氧还原、游离 NiO 的第二步还原与分布于 Ce-Ni-O 固溶体表面的 NiO 还原的综合还原效果。对比 CeO_2-NiO 样品与纯 CeO_2样品的氢气还原峰，发现两者在高于 900℃出现的氢气还原峰十分相似，因此可以认为样品中高于 900℃出现的氢气还原峰源自 CeO_2体相氧的还原。

对比铈基氧化物的氢气还原峰发现，金属氧化物掺杂后的氧载体其氢气消耗量较纯氧化铈普遍都有所提高，这说明金属氧化物的掺杂有利于氧化铈中晶格氧的释放。其中 CeO_2-Fe_2O_3与 CeO_2-NiO 氧载体在 H_2-TPR 实验中显示出较高的氢气消耗量，被期望在后续的实验中表现出较高的反应活性与氧化还原能力。

3.4　氧载体甲烷反应活性评价

3.4.1　甲烷程序升温还原

在化学链蒸汽重整制氢与合成气工艺中，第一步中甲烷转化步骤的反应性能直接影响到第二步分解水制氢过程，如第一步晶格氧还原程度、积碳量都会影响氢气产量与纯度，为此研究甲烷转化步骤中氧载体选择性氧化甲烷过程的特性十分必要。在甲烷转化步骤的气-固反应中，反应温度对产物成分与甲烷转化率具有很大的影响，实验中采用 CH_4 程序升温还原实验（CH_4-temperature programmed reduction，CH_4-TPR）来研究铈基氧化物氧载体在不同温度下的还原特性以获得适合该体系的工作温度范围。

对于纯氧化铈直接氧化甲烷制取合成气已有研究者报道，CO 主要是积碳与 CeO_2 反应的产物，积碳的量由 CeO_2 的还原度来决定，当氧化铈的还原度小于 10%时，反应过程中出现的积碳可以完全被 CeO_2 的晶格氧氧化为 CO，即整个过程无积碳[25]。通过对氧化铈进行合理的掺杂与利用其相互匹配作用能够提高其氧化还原性能[103]。

图 3.4 所示为 CeO_2、CeO_2-ZrO_2、CeO_2-WO_3、CeO_2-Fe_2O_3 与 CeO_2-NiO 氧载体的甲烷程序升温还原过程中 CH_4 转化率、CO 与 H_2 的选择性与 H_2/CO 随温度变化的情况。从图 3.4(a)可以看出 CeO_2、CeO_2-ZrO_2、CeO_2-WO_3 与 CeO_2-Fe_2O_3 对应的甲烷转化率在温度升高至 550℃时候才有较为微弱的上升趋势，至 700℃时转化率开始缓慢上升，至 800℃以后转化率开始快速上升。此外值得关注的是 CeO_2-NiO 的甲烷转化率相对其他氧化物在整个温度区域内都明显高出许多，且随着温度的升高而显著升高，这是由于 CeO_2-NiO 具有较高的反应活性(部分氧化活性与催化裂解活性)，甲烷的转化率很高，另外由于还原产生的金属 Ni 具有较强的催化甲烷裂解作用[104]，整个反应过程中伴随着明显的积碳产生，产生的积碳可以与产生的 CO_2 发生气化反应产生 CO，这也是导致高 CO 选择性的原因之一。在出现明显的转化率的温度范围内，甲烷的转化率呈现出的变化趋势为：CeO_2-NiO＞CeO_2-Fe_2O_3＞CeO_2-ZrO_2＞CeO_2＞CeO_2-WO_3。出现这种变化趋势主要是由掺杂的氧化物自身还原特性所决定的。文献普遍报道，Zr^{4+} 对 CeO_2 的掺杂形成的 CeO_2-ZrO_2 固溶体由于储氧量增强与氧缺陷位的形成因而具有较好的氧化还原性能，被广泛应用于催化领域[105,106]。本实验也初步证实了 CeO_2-ZrO_2 之于纯 CeO_2 而言还原性能得到提高。相对于 ZrO_2 而言，Fe_2O_3 虽不能与 CeO_2 形成完全固溶体，但是其单位质量含氧量较高，能够提供更多可供还原的晶格氧，所以此处 CeO_2-Fe_2O_3 显示出较高的转化率。而显示出最低甲烷转化率的 CeO_2-WO_3，主要是由于掺杂物种 WO_3 与其他(CeO_2、ZrO_2、Fe_2O_3 或 NiO)相比，其还原温度更高，其晶格氧直接用甲烷还原的反应温度通常在 1000℃以上[107]。

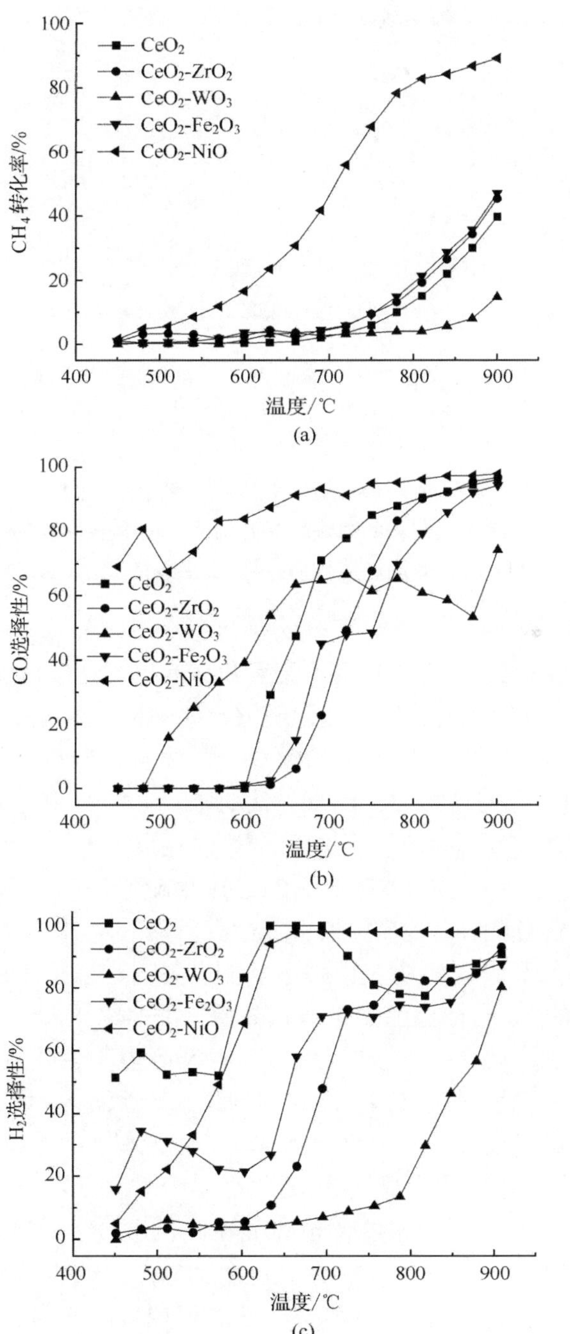

CH4转化率/%
CeO2
CeO2-ZrO2
CeO2-WO3
CeO2-Fe2O3
CeO2-NiO
温度/℃
(a)
CO选择性/%
温度/℃
(b)
H2选择性/%
温度/℃
(c)

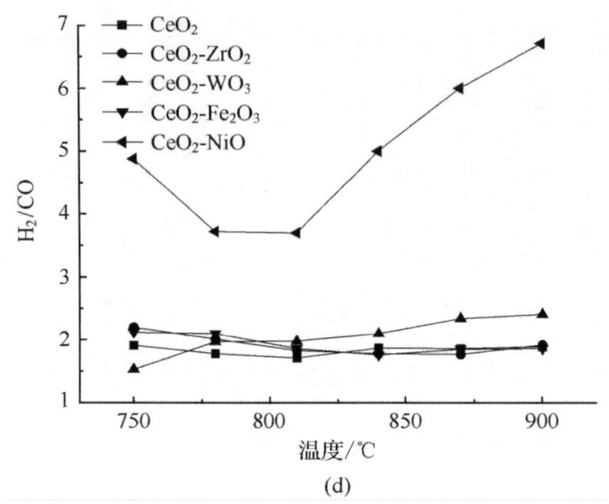

(d)

图 3.4　CeO_2、CeO_2-ZrO_2、CeO_2-WO_3、CeO_2-Fe_2O_3 与 CeO_2-NiO 氧载体的甲烷程序升温还原过程中 CH_4 转化率、CO 与 H_2 的选择性与 H_2/CO 随温度的变化关系图

图 3.4(b)为不同氧化物在甲烷氧化过程中 CO 的选择性随温度的变化趋势。CeO_2-NiO 在整个温度区间都显示出较高的 CO 选择性，这主要是由于甲烷在 CeO_2-NiO 表面的氧化反应伴随着严重的甲烷裂解，裂解后的积碳及其碳气化反应($CO_2+C \longrightarrow 2CO$)导致氧化产物主要为 CO。$CeO_2$-$WO_3$ 在有较为明显的反应后，对应的 CO 在 60%附近波动。CeO_2、CeO_2-ZrO_2 与 CeO_2-Fe_2O_3 的 CO 选择性从 600℃开始就以较快的速度上升，至 800℃以上都超过 80%，其中 CeO_2-ZrO_2 与 CeO_2-Fe_2O_3 的选择性较纯 CeO_2 有所降低，这是由于掺杂氧化物后晶格氧活性提高导致选择性有所降低。

图 3.4(c)为不同氧化物在甲烷氧化过程中 H_2 选择性随温度的变化趋势。所有样品的 H_2 选择性随温度升高都有不同程度的上升。CeO_2-NiO 与 CeO_2-Fe_2O_3 显示出较高的 H_2 选择性，CeO_2-NiO 由于较强的甲烷裂解作用，只有极少量的甲烷完全氧化为 H_2O，最终导致选择性偏高。CeO_2、CeO_2-ZrO_2 与 CeO_2-Fe_2O_3 在高温段(800～900℃)都显示出较为理想的选择性。

图 3.4(d)为不同氧化物在甲烷氧化过程中 H_2/CO 随温度的变化趋势。合成气中 H_2/CO 作为一个重要评价标准在此也进行了讨论，H_2/CO 比例为 2 的合成气是期望产物。CeO_2-NiO 产出的合成气中 H_2/CO 的值远大于理论值 2(>3)，这说明反应过程中伴随着严重的甲烷裂解行为。CeO_2-WO_3 对应的 H_2/CO 比例虽然较为接近理论值 2，但是随着温度的升高而增大，这从侧

面反映了甲烷在与 CeO_2-WO_3 反应过程中甲烷裂解程度随着温度升高而加深。CeO_2、CeO_2-ZrO_2 与 CeO_2-Fe_2O_3 在 750～800℃温度范围内产出的合成气 H_2/CO 比例都十分接近理论值 2。

通过对几种不同的铈基氧载体甲烷程序升温还原实验结果进行分析，发现除 CeO_2-NiO 之外，其他的铈基氧载体在合适的温度范围内都具有较好的部分氧化甲烷制取合成气能力。在整个程序升温温度范围内，发现 CeO_2-NiO 氧载体在与甲烷反应中，除部分甲烷氧化外，还有较大部分的甲烷发生裂解反应。这说明 CeO_2-NiO 具有明显的催化甲烷裂解作用，裂解产生的积碳影响氧载体循环使用性能与后续分解水步骤产物品质，因此认为这种 CeO_2-NiO 不适合于 CL-SMR 制氢与合成气工艺。

本实验中倾向于选取更低的操作温度，在低于 900℃显示出较低甲烷还原反应活性的 CeO_2-WO_3 此处也不作进一步讨论。在后续的恒温实验中选取反应性能较好的 CeO_2、CeO_2-ZrO_2 与 CeO_2-Fe_2O_3 进一步进行研究，以洞悉具体反应过程来确定最佳还原时间，选择 850℃为恒温甲烷还原实验温度，并对此温度下甲烷还原特性作进一步的研究。

3.4.2　甲烷恒温还原

如图 3.5 所示为氧载体 CeO_2、CeO_2-ZrO_2 与 CeO_2-Fe_2O_3 在 850℃恒温还原中甲烷转化率、CO 与 H_2 选择性、H_2/CO 随时间的变化关系图。如图 3.5(a)所示，从第 2min 开始反应进入平稳的反应阶段，反应一开始 CH_4 与 CeO_2 氧载体表面吸附分子氧反应，CH_4 与分子氧的反应更多的趋向于产生 CO_2 与 H_2O，而且 CH_4 转化率较高，这即是第 2min CO_2 含量较高与 CH_4 转化率较低的原因。随着表面吸附分子氧的消耗，CO_2 的含量随之下降，CH_4 的转化率在此阶段较第 2min 的有所降低，这是由于晶格氧的供给速度（扩散速度）较分子氧慢。第 3～6min，各个组分含量趋于平稳，在反应的过程中氧载体持续供给晶格氧，内部晶格氧随着表面晶格氧的消耗连续向外迁移。在 6～9min 反应阶段，CH_4 转化率有所上升，可以将其归结于内部晶格氧的过度消耗，不能及时向氧载体表面提供晶格氧，CH_4 部分发生裂解，导致 H_2 含量升高，H_2/CO 比例大于 2，与此相对应的是 CO 的含量几乎保持平稳。在整个恒温还原过程中 CH_4 的转化率保持在 40%以上，而且 H_2/CO 的比例十分接近 2。

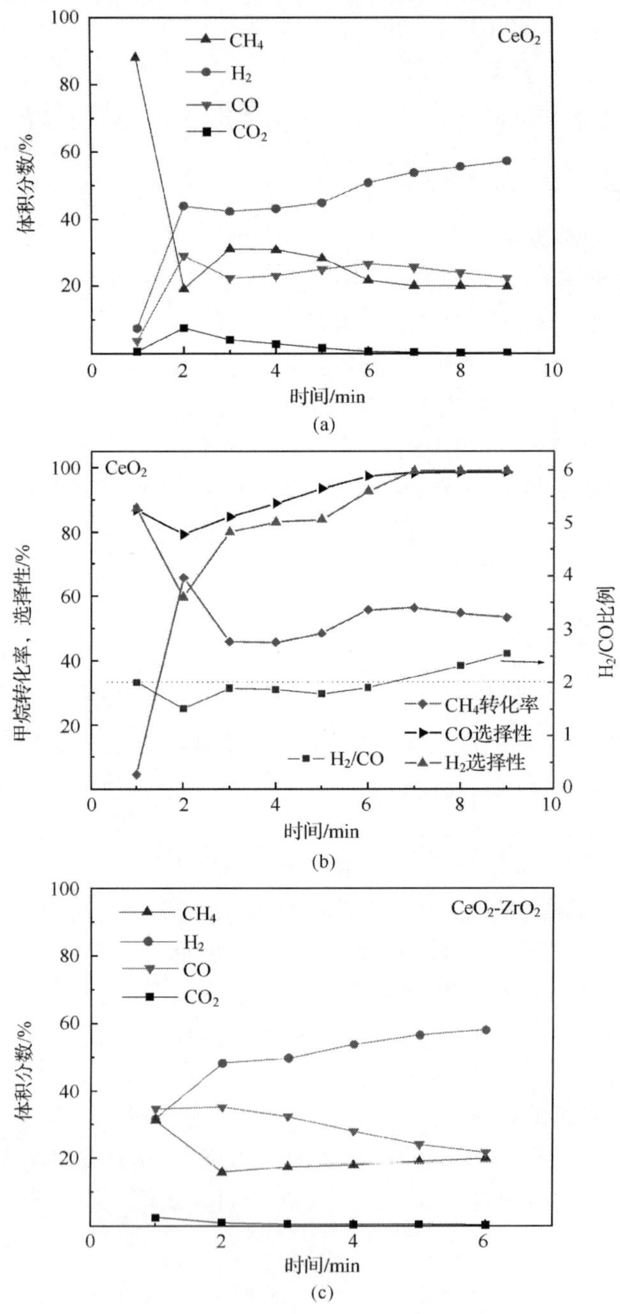

体积分数/%
CH4
H2
CO
CO2
CeO2
时间/min
(a)
甲烷转化率，选择性/%
H2/CO比例
CeO2
CH4转化率
CO选择性
H2/CO
H2选择性
时间/min
(b)
体积分数/%
CH4
H2
CO
CO2
CeO2-ZrO2
时间/min
(c)

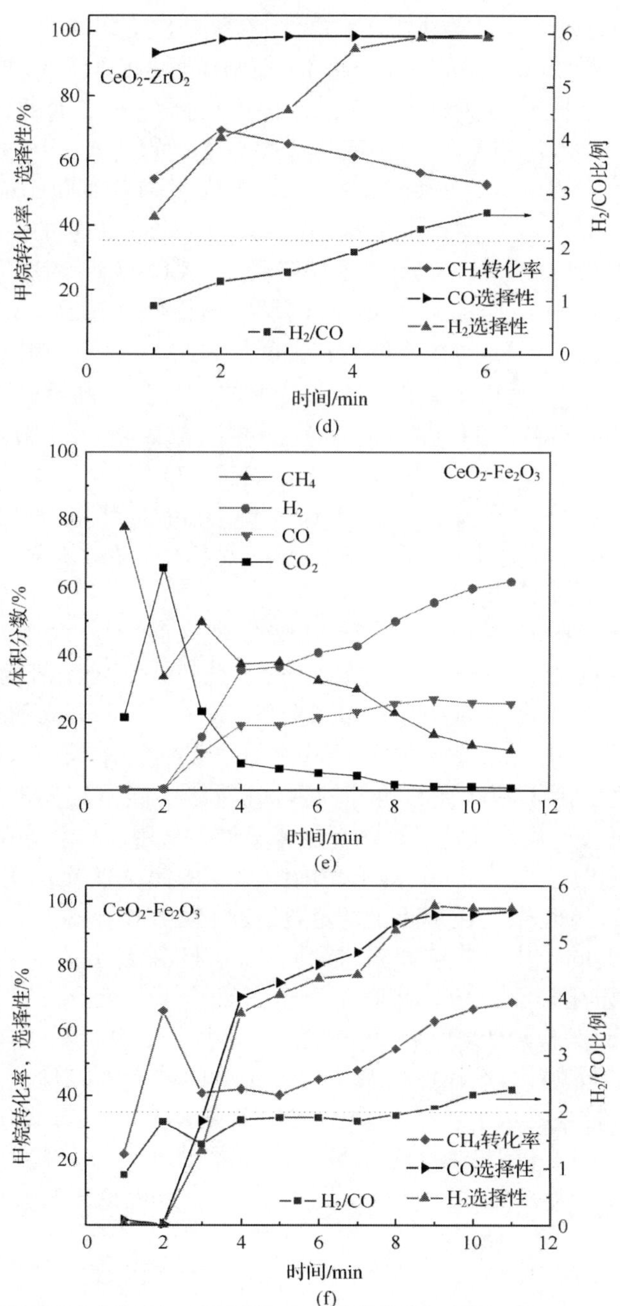

图 3.5　氧载体 CeO_2、CeO_2-ZrO_2 与 CeO_2-Fe_2O_3 在 850℃恒温还原中各组分、甲烷转化率、CO 与 H_2 选择性与 H_2/CO 比例随时间的变化关系图

如图 3.5(b)所示，氧载体 CeO_2-ZrO_2 固溶体的还原规律与纯 CeO_2 的还原有相似之处，第 2min 前为反应开始阶段，伴随着表面吸附氧与晶格氧的还原，CH_4 的含量下降较多，CO_2、CO 与 H_2 含量开始上升，CH_4 的转化率开始上升，在第 2min 内达到最大，随着表面与体相晶格氧的消耗，CH_4 的转化率开始下降，CO_2 与 CO 成分含量开始下降，但是 H_2 含量随着时间的推移一直处于上升状态，这一现象极可能是由于 CeO_2-ZrO_2 固溶体晶格氧的消耗，不足以供给 CH_4 部分氧化反应，导致 CH_4 发生裂解反应。CO 与 H_2 的选择性随时间的推移处于增大趋势，反应的第 1min 时的 CO 选择性即达到 97%，从第 2min 开始就已接近 100%，H_2 的选择性随着时间的推移与 CH_4 转化率成正比例关系，上升趋势与 CH_4 转化率随时间变化相类似。H_2/CO 随着时间的推移始终处于上升趋势，值得注意的是在整个检测时间范围内在 2 附近波动，在第 4min 能够获得 H_2/CO 比例为 1.92 的合成气。CeO_2-ZrO_2 氧载体恒温甲烷还原试验显示 CeO_2-ZrO_2 的反应活性较纯 CeO_2 高，晶格氧释放速度较快，反应持续时间较短。这是由于 Zr^{4+} 进入 CeO_2 晶格中，降低了晶格氧部分氧化反应的活化能[108]。

如图 3.5(c)所示，在前 2min 反应开始阶段，CH_4 反应主要表现为完全氧化反应，这是表面吸附氧与 CH_4 反应所导致，随着表面吸附氧的消耗，CO_2 含量逐渐降低，CO 与 H_2 含量呈持续增长趋势，第 4～7min，氧载体晶格氧持续供给，CH_4 部分氧化反应稳定进行，产物组分含量缓慢增长，随着晶格氧的消耗，第 8min 之后由于晶格氧的消耗较多，氧载体不能持续向外输送晶格氧，导致部分 CH_4 发生裂解反应，H_2 含量显著增加。从甲烷转化率随时间的变化关系图可以看出，反应前 2min 由于表面吸附氧的完全氧化作用，CH_4 转化率较高，第 3～7min CH_4 转化率趋于稳定，反应体现出较强的部分氧化特性，第 7min 之后 CH_4 的转化率持续增长，这是由于 CH_4 除部分发生部分氧化作用外，部分 CH_4 发生裂解反应。在整个反应过程中 CO 与 H_2 的选择性持续增长，第 2～4min 增长较快，第 4～8min 趋于平缓，此后由于 CH_4 的裂解反应导致 H_2 与 CO 含量增大，选择性都增长较快，CO 的选择性在反应进行 4min 之后即达到一个较高的水平。在 CeO_2-Fe_2O_3 氧载体 CH_4 部分氧化反应中最值得关注的是 H_2/CO，在整个反应过程中 H_2/CO 大都是十分接近 2 的，特别是第 4～8min 该比例都在 1.9～2.0 范围内，十分接近理论比例。

3.5　氧载体 redox 循环性能

图 3.6 是 CeO_2、CeO_2-ZrO_2 与 CeO_2-Fe_2O_3 氧载体 CL-SMR 10 次循环产

气情况。依据 3.4 节 CH_4 恒温还原时不同氧载体的还原特性在确保最大限度挖掘氧载体晶格氧利用率的前提下避免过度还原，对不同氧载体在 CH_4 转化步骤(methane conversion step)控制不同反应时间(反应温度为 850℃)。而分解水步骤(water splitting step)反应时间控制在 30min 内以确保氧载体在 CH_4 还原步骤失去的晶格氧能够充分地得到再生(反应温度为 700℃)。

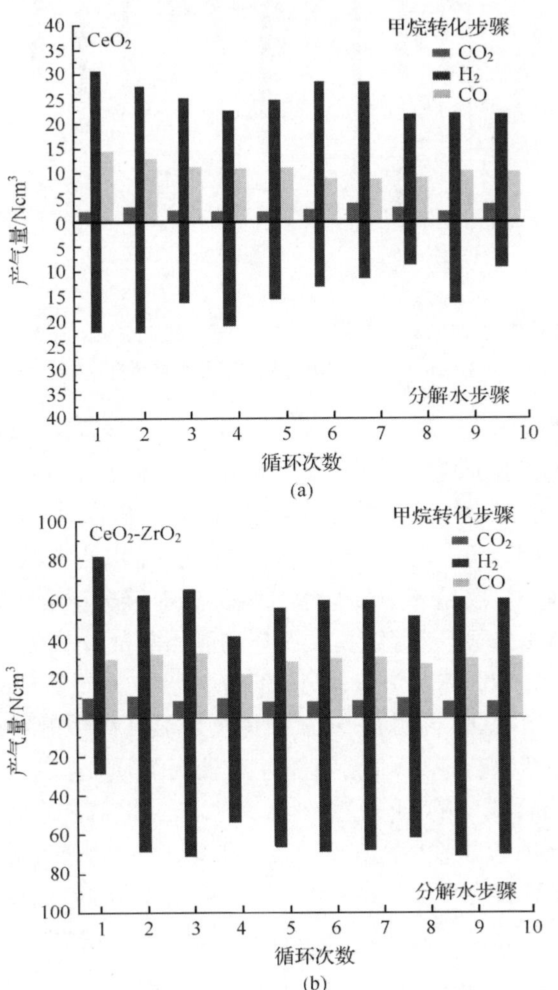

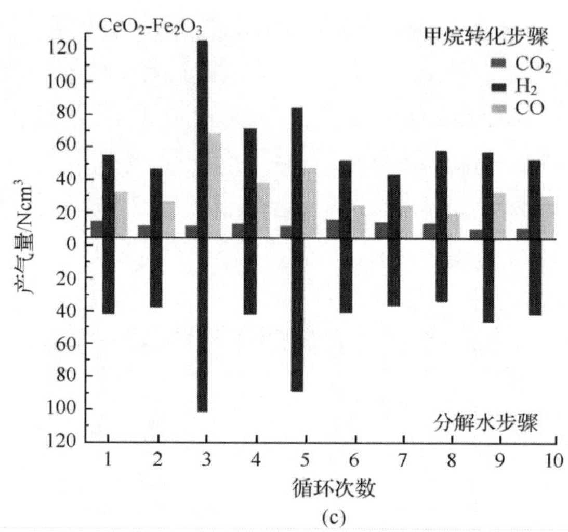

(c)

图 3.6　CeO_2、CeO_2-ZrO_2与CeO_2-Fe_2O_3氧载体 CL-SMR 10 次循环产气情况

横坐标中 1、2、3、4、5、6、7、8、9、10 分别表示化学链蒸汽重整 1～10 次循环

图 3.6(a)为CeO_2氧载体 10 次循环中产气情况，其中CH_4转化步骤反应时间为 6min，分解水步骤反应时间为 30min。在第 1 次循环中CeO_2氧载体显示出最高CH_4氧化活性，合成气中H_2与 CO 的体积在 10 次循环中都是最大的，分别为 30.81Ncm³ 与 14.23Ncm³，在分解水制氢过程H_2产量达 22.25Ncm³，也是 10 次循环中分解水制氢步骤中仅次于第 2 次循环中的分解水产氢量。从第 1 次循环至第 10 次循环在晶格氧部分氧化CH_4阶段产出合成气中H_2、CO 与CO_2体积波动较小，但分解水步骤产氢量总趋势随着循环次数的增加有所下降，这说明CeO_2氧载体随着循环次数的增加分解水活性有所降低。而目标产物合成气与氢气都具有较高品质，合成气中H_2/CO 接近 2，10 次循环产出合成气的H_2/CO 在 2.1～2.5。得益于合适甲烷还原时间，CeO_2氧载体在还原阶段残留积碳量较少，在 Ce 氧化物催化水汽转换作用下，分解水产出氢气只含有少量CO_2(CO_2相对氢气物质的量浓度低于 4%)，而无 CO 检测到，气相色谱灵敏度在 ppm① 级别以上，这说明氢气中 CO 含量在 ppm 数量级上，处于很低水平。产氢量多次循环后有所下降可能是由于长时间高温反应与烧结，材料活性降低的原因造成的[65]。

图 3.6(b)是CeO_2-ZrO_2氧载体 CL-SMR 10 次循环产氢与合成气图，甲

① ppm 为非法定单位，量级为10^{-6}。

烷转化时间为 4min，分解水在 30min 完成。从图中可以看出 CeO_2-ZrO_2 氧载体在 CL-SMR redox 循环中的性能较为稳定，除第 1 次循环中的分解水产氢量相对较低之外，其他循环中的合成气各成分产量与产氢量基本保持稳定。合成气中的 H_2/CO 范围在 2 左右，十分接近 2，除第 1 次循环外，其他 9 次循环产出的合成气 H_2/CO 处于 1.90～2.10，十分适合于 Fischer-Tropsch 合成。但是与纯氧化铈相比，在甲烷转化过程中 CO 的选择性较低，在 75%左右，这是由于 Ce-Zr-O 固溶体晶格氧高活性所致(高活性晶格氧对应于低选择性)[109]。同样现象在还原态 CeO_2-ZrO_2 氧载体分解水产氢过程中被观察到，产出的氢气只含有少量的 CO_2。

与纯氧化铈循环过程相比，CeO_2-ZrO_2 氧载体在较短的时间产出的合成气量大约是其两倍，产氢量也相应地翻了一番，此结果与 TPR 实验显示的结果相一致，TPR 结果显示 Zr^{4+} 进入 CeO_2 晶格中能够提高其在 900℃前的氢气消耗量，即表明 Zr^{4+} 的掺杂提高了铈锆固溶体的储氧量。这说明 CeO_2-ZrO_2 氧载体在 redox 循环中氧原子释放与储存能力较强，能够在较短的时间内释放出晶格氧，同时在氧化过程中也能很好地得到恢复。比表面积测试显示，CeO_2-ZrO_2 氧载体具有较高的比表面积，这可能在 redox 反应中也发挥了一定的积极作用。CeO_2-ZrO_2 固溶体氧载体也显示了较强的稳定性，不仅能够持续传递氧原子，同时还能够保证产出较高品质的合成气与氢气。

图 3.6(c)是 CeO_2-Fe_2O_3 氧载体 CL-SMR 10 次循环产氢与合成气图，甲烷转化步骤的反应时间为 8min，分解水反应时间为 30min。从图中可以看出，CeO_2-Fe_2O_3 氧载体在 CL-SMR redox 循环中的合成气与氢气的产量有所波动。10 次循环中，第 3 次循环中产出的合成气与氢气量最高，其次是第 5 次循环。第 3 次循环中产出的合成气中 H_2/CO 的比例为 1.90，十分接近且低于理论值 2，这说明即便是在较高的合成气产量或甲烷转化率情况下，反应原料气甲烷仍旧未在其材料表面发生裂解情况，从另一反面也说明了材料的氧化还原性能还有待进一步地挖掘与提高。合成气中 H_2/CO 范围在 1.84～3.53，而且大多数循环中的合成气比例十分接近 2，此外分解水步骤尾气中除产生 H_2 不含有 CO。

图 3.7 为 CeO_2、CeO_2-ZrO_2 与 CeO_2-Fe_2O_3 氧载体 CL-SMR 10 次循环中最佳单次循环比较图。在甲烷转化步骤中，总合成气产量 CeO_2-Fe_2O_3 的最高，CeO_2-ZrO_2 的次之，而纯 CeO_2 对应的产量最低。所产生的合成气中 CO_2 含量都较低，这说明样品在反应中具有较高的 CO 选择性，相比较而言，CeO_2-ZrO_2 产出合成气中 CO_2 较高，比 CeO_2-Fe_2O_3 的还要高，这说明 CeO_2-ZrO_2 的

选择性较低。由于良好的储-放氧能力，CeO_2-ZrO_2固溶体的晶格氧活性较高，从而导致在选择性氧化过程中选择性偏低(表 3.3)，这与之前作者所在研究小组报道的研究结果相一致[72]。在甲烷转化步骤中，合成气的产量，特别是 CO 与 CO_2的总产量对应于氧载体在选择性氧化过程中供给的晶格氧量，其总量越高，在分解水步骤产生的氢气量将会越多。产生的合成气中 H_2/CO 都十分适宜，除纯 CeO_2的比值较高之外，CeO_2-ZrO_2与 CeO_2-Fe_2O_3都比较接近理论值 2。纯 CeO_2在甲烷转化步骤产出合成气中，H_2/CO 为 2.17，这说明在气-固反应过程中伴随着轻微的甲烷裂解过程。在分解水步骤同样是 CeO_2-Fe_2O_3的最高，CeO_2-ZrO_2的次之，而纯 CeO_2对应的产量最低，此外氢气中只含有极少量的杂质气体 CO_2。

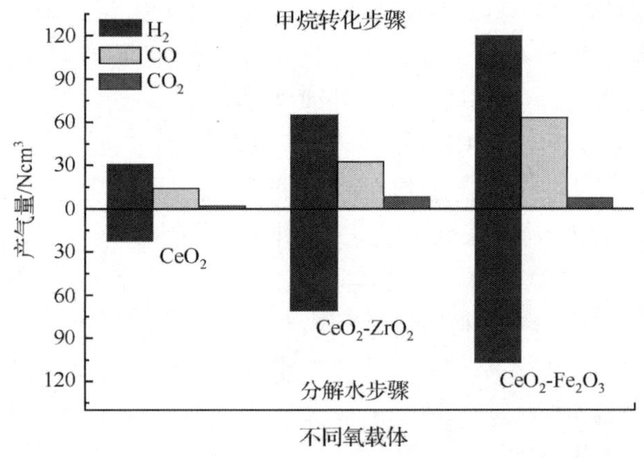

图 3.7 CeO_2、CeO_2-ZrO_2与 CeO_2-Fe_2O_3氧载体 CL-SMR 10 次循环中最佳单次循环比较

表 3.3 CeO_2、CeO_2-ZrO_2与 CeO_2-Fe_2O_3氧载体 CL-SMR 10 次循环中最佳单次循环中合成气品质

氧载体	CO 选择性	H_2选择性	H_2/CO 比例
CeO_2	86.35	93.48	2.17
CeO_2-ZrO_2	79.62	79.59	2.00
CeO_2-Fe_2O_3	89.45	84.77	1.90

图 3.8 为 CeO_2、CeO_2-ZrO_2与 CeO_2-Fe_2O_3氧载体放大不同倍数的扫描电镜图。CeO_2呈现出大小不同、形状各异的块状形貌，放大后大块颗粒表面附着一些细小晶粒。与 CeO_2相比，CeO_2-ZrO_2分散较为均匀，放大显示的晶粒其表面呈层状结构，较为疏松，晶粒较大。CeO_2-Fe_2O_3具有良好的分散度，粒

度较细，细小颗粒均匀分散在大颗粒表面。良好的分散度有利于提高反应过程接触面，能够提高反应活性。

图 3.8　CeO_2、CeO_2-ZrO_2与 CeO_2-Fe_2O_3氧载体扫描电镜图

CeO_2、CeO_2-ZrO_2与 CeO_2-Fe_2O_3氧载体都显示出较好的化学链蒸汽重整制氢与合成气性能，能够连续地制取合适 H_2/CO 的值的合成气与氢气，其中 CeO_2-ZrO_2与 CeO_2-Fe_2O_3复合氧化物氧载体显示出较高活性，合成气与产氢量都显著提高。CeO_2由于高温烧结循环后活性有所降低，CeO_2-ZrO_2显示出较高的稳定性。10 次循环中最高产气量循环相比，CeO_2-Fe_2O_3具有明显的优势，产气量最高，在甲烷转化步骤中，选择性与 H_2/CO 的值都十分理想。Fe_2O_3作为较为廉价与易得氧化物，用其对氧化铈进行掺杂改性，在保证其氧化还原与选择性氧化活性的前提下，该复合氧化物具有较强的竞争力。

3.6　循环过程材料结构与性能演变

通过气相色谱对反应过程中涉及的气体成分进行了检测并且获得了一些氧载体选择性氧化制合成气、还原态氧载体分解水制氢、合成气品质与氢气品质等有利依据，但是为了对反应过程有更为清晰的认识，采用了材料物相结构与还原性能表征手段对循环过程中的材料进行了描述，为反应机理的推测提供有力证据。

3.6.1 物相组成分析

1. CeO_2

图 3.9 为新鲜的与甲烷还原后的 CeO_2 氧载体物相组成(XRD)图谱。从新鲜 CeO_2 的 XRD 图谱可以看出三强特征衍射峰位置为 28.5°、47.5°与 56.3°,这说明合成的新鲜样品为立方晶系萤石型结构的 CeO_2。与甲烷还原后的 CeO_2 氧载体相比,发现两样品无较大变化,特征衍射峰位置与强度都一一对应,并且十分相似。不过仔细对比量样品 XRD 图谱会发现,还原后的样品主要衍射峰的衍射强度有所增大,峰宽变窄,这是由于反应在高温下进行,经过高温焙烧后样品发生了一定程度的烧结,CeO_2 晶化程度增大,晶粒长大[99]。由于受技术手段的限制,还原态 CeO_2 氧载体不可避免地与空气接触发生了氧化反应重新生产了 CeO_2。由参考文献[110]可知在晶格氧部分氧化过程中 CeO_2 被还原成 $CeO_{2-\delta}$,在空气中 $CeO_{2-\delta}$ 发生了 $CeO_{2-\delta}+\delta/2O_2=CeO_2$ 的反应。

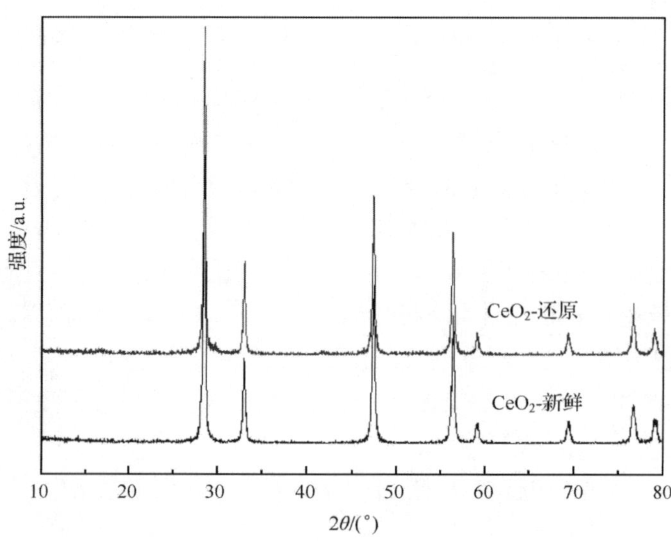

图 3.9 新鲜与甲烷还原后的 CeO_2 氧载体 XRD 图谱

由此可以推测出 CeO_2 氧载体与 CH_4 主要发生了如下反应:

$$CeO_2+\delta CH_4 = CeO_{2-\delta}+\delta(CO+2H_2) \tag{3.1}$$

通过分析部分氧化产物气体成分，发现除 CO 与 H_2，仍有少量的晶格氧在氧化过程中发生了完全氧化反应转化为 CO_2 与 H_2O，即

$$CeO_2 + \delta/4CH_4 \xlongequal{\quad} CeO_{2-\delta} + \delta/4(CO_2 + 2H_2O) \tag{3.2}$$

图 3.10 为新鲜、1 次循环与 10 次循环后的 CeO_2 氧载体 XRD 图谱。与新鲜的 CeO_2 氧载体相比，1 次循环与 10 次循环后的 CeO_2 氧载体的 XRD 图谱并无较大差别，无论是 1 次循环还是 10 次循环，循环后的样品主相仍为纯 CeO_2 氧载体，不过随着循环次数的增加，CeO_2 特征衍射峰不断增大，对应的峰宽也有所变窄，这也是由于样品发生了一定程度的烧结，CeO_2 晶化程度增大，晶粒长大，但是这种趋势较小[99]。结合循环过程中的氧恢复程度，说明了被还原后得到的 $CeO_{2-\delta}$ 全部与水蒸气发生热化学反应生成了 CeO_2，其反应如下所示：

$$CeO_{2-\delta} + \delta H_2O \xlongequal{\quad} CeO_2 + \delta H_2 \tag{3.3}$$

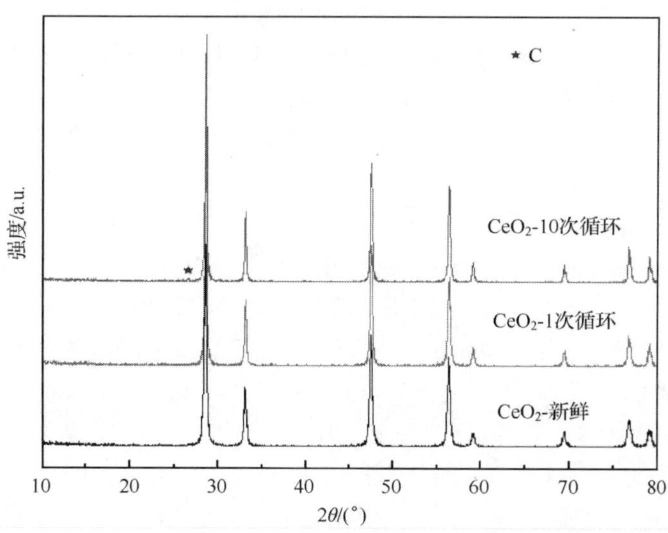

图 3.10　新鲜、1 次循环与 10 次循环后的 CeO_2 氧载体 XRD 图谱

对比新鲜的 CeO_2 氧载体，发现 10 次循环后的氧载体样品在 26.5°处出现了一个较小的衍射峰，通过分析出峰位置、峰形与峰强可以发现该衍射峰出自于碳，这说明在甲烷还原过程中，由于晶格氧过度消耗，不能及时供给，造成甲烷在氧载体表面发生裂解反应直接生成碳与氢气，其反应式可以表示为

$$CH_4 \xlongequal{\quad} C + 2H_2 \tag{3.4}$$

至于甲烷发生裂解反应产生积碳的原因，可以解释为在循环过程中 CeO_2

氧载体储氧量的下降所导致。这一点在循环后的氧载体进行 H_2-TPR 实验中可以得到证实,10 次循环后的 CeO_2 氧载体的氢气消耗量较新鲜氧载体有明显的降低。不过对比积碳所产生的衍射峰强度极小,这也说明在循环过程中发生裂解的甲烷产生的积碳量较小,即只有少量的甲烷在氧化过程中发生了裂解反应。

由 XRD 检测结果可知 10 次循环样品表面有积碳存在,这意味着在第 10 次循环或前阶段循环中的部分氧化反应中产生的积碳经过与水蒸气的反应后仍有残留,而且在热化学分解水反应中检测到了 CO_2,因此可以认为热化学分解水步骤产生的 CO_2 源自于积碳与水蒸气的反应,不过该反应并不是一步反应,首先是积碳发生气化反应:

$$C + H_2O = CO + H_2 \tag{3.5}$$

然后是 CO 在 CeO_2 的催化作用下发生了如下水气转换反应:

$$CO + H_2O = CO_2 + H_2 \tag{3.6}$$

通过这两步反应,最后在热化学分解水反应尾气中碳物种只检测到有 CO_2。式(3.5)与式(3.6)的总反应可以表示为

$$C + 2H_2O = CO_2 + 2H_2 \tag{3.7}$$

2. Ce-ZrO_2

图 3.11 为新鲜的与甲烷还原后的 CeO_2-ZrO_2 氧载体 XRD 图谱。从新鲜 CeO_2-ZrO_2 的 XRD 图谱可以看出三强特征衍射峰位置为 29.0°、48.4°与 57.3°,较纯 CeO_2 的三强特征衍射峰 28.5°、47.5°与 56.3°有较大的偏移,这说明 Zr^{4+} 进入 CeO_2 晶格中与 Ce^{4+} 形成了 Ce-Zr-O 固溶体,通过对比 $Ce_{0.75}Zr_{0.25}O_2$ 与 $Ce_{0.6}Zr_{0.4}O_2$ 固溶体样品的 XRD 标准卡片,发现该样品的衍射峰位置与其极为相似,并且处于出峰位置处于二者之间,这也进一步说明了制备的样品为 $Ce_{0.3}Zr_{0.7}O_2$ 固溶体氧化物。与 CeO_2 循环过程样品 XRD 结果所不同的是,还原前后的 CeO_2-ZrO_2 氧载体样品 XRD 衍射峰强度变化甚微,这说明在高温反应过程中 CeO_2-ZrO_2 氧晶粒并没有因为高温焙烧而长大,从另一方面也说明了 CeO_2-ZrO_2 固溶体良好的热稳定性。

对比还原前后 CeO_2-ZrO_2 氧载体 XRD 图谱,并无观察到新的物相产生,从前面我们得知 CeO_2-ZrO_2 中还原氧原子相对于其分子式化学计量比而言是极小的,即 CeO_2-ZrO_2 的还原程度很低,较低的还原程度意味着只有少量的氧原子从 CeO_2-ZrO_2 固溶体晶体结构中脱出,只会在其结构中形成一定化学计量比的氧缺位(Ce-$ZrO_{2-\delta}$),并不改变其结构,这也是还原前后 CeO_2-ZrO_2 氧

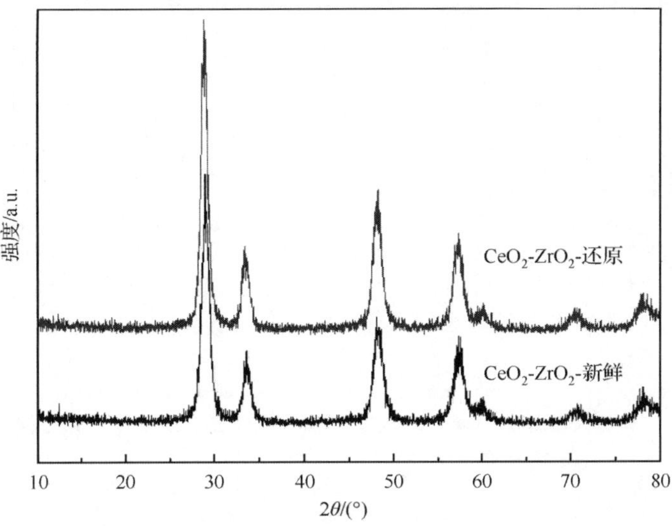

图 3.11　新鲜与甲烷还原后的 CeO_2-ZrO_2 氧载体 XRD 图谱

载体 XRD 图谱极为相似的原因。CeO_2-ZrO_2 氧载体与甲烷氧化反应主反应可以表示为

$$Ce\text{-}ZrO_2 + \delta CH_4 \Longrightarrow Ce\text{-}ZrO_{2-\delta} + \delta(CO + 2H_2) \qquad (3.8)$$

副反应为完全氧化反应：

$$Ce\text{-}ZrO_2 + \delta/4CH_4 \Longrightarrow Ce\text{-}ZrO_{2-\delta} + \delta/4(CO_2 + 2H_2O) \qquad (3.9)$$

图 3.12 为新鲜、1 次循环与 10 次循环后的 CeO_2-ZrO_2 氧载体 XRD 图谱。与 CeO_2 氧载体相比，新鲜的、1 次循环与 10 次循环中的 CeO_2-ZrO_2 氧载体样品衍射峰强度变化较小，随着循环次数的增加，CeO_2-ZrO_2 固溶体特征衍射峰主峰强度有小幅度的增强，基于同样的原因，由于高温反应，CeO_2-ZrO_2 固溶体晶化程度增大，晶粒有所长大。同时我们还看到，在 1 次循环后的 CeO_2-ZrO_2 氧载体样品 XRD 图谱上，在 26.5°处出现了一个较弱的碳的特征衍射峰，这说明在甲烷部分氧化反应中伴随着反应(3.4)的发生。此外在 CeO_2-ZrO_2 氧载体 10 次循环中产出的氢气中碳物种也只有 CO_2，而且 1 次循环后产生的积碳，至第 10 次循环后 CeO_2-ZrO_2 氧载体样品中未检测到积碳，这也说明了积碳转化为气体从尾气中排除而从 CeO_2-ZrO_2 氧载体表面消失，在热化学分解水反应过程中伴随着反应(3.5)与反应(3.6)的发生。

通过对还原态 CeO_2-ZrO_2 氧载体热化学分解水产生尾气成分进行分析，可以确定还原后得到的氧缺位铈锆固溶体 $Ce\text{-}ZrO_{2-\delta}$ 通过与水反应，恢复了

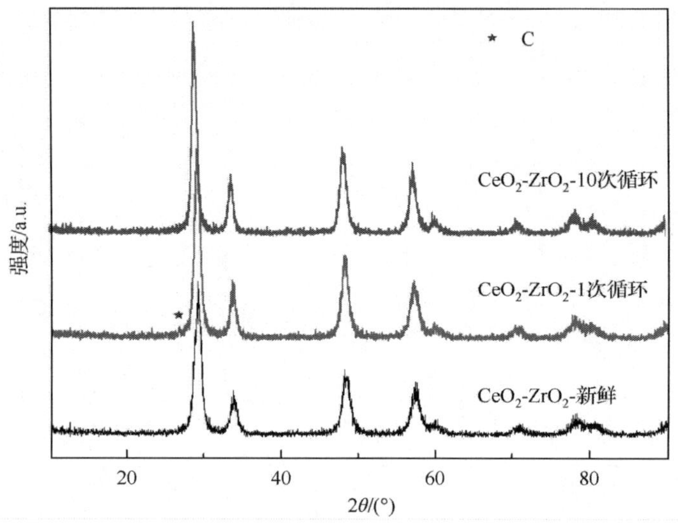

图 3.12　新鲜、1 次循环与 10 次循环后的 CeO_2-ZrO_2 氧载体 XRD 图谱

晶格氧,进行了氧载体的再生,其反应式可以表示为

$$\text{Ce-ZrO}_{2-\delta}+\delta H_2O = \text{Ce-ZrO}_2+\delta H_2 \quad (3.10)$$

3. CeO_2-Fe_2O_3

图 3.13 为新鲜与甲烷还原后的 CeO_2-Fe_2O_3 氧载体 XRD 图谱。新鲜 CeO_2-Fe_2O_3 氧载体样品可以观察到明显的 CeO_2 特征衍射峰,衍射峰较纯 CeO_2 特征衍射峰位置有较小的偏移,这说明有少量的 Fe^{3+} 进入 CeO_2 晶格中形成了少量的 Ce-Fe-O 固溶体。Fe_2O_3 的特征衍射峰较弱,这说明 Fe_2O_3 较为均匀地分散在 CeO_2 表面。还原后的样品中可以检测到的物相较多,除原有 CeO_2 与 Fe_2O_3 之外还有 FeO、C、Fe_3C 与 Fe。因此在甲烷部分氧化过程中除伴随着反应(3.1)、反应(3.2)与反应(3.4)外,还有如下反应:

$$Fe_2O_3+CH_4 = 2FeO+CO+2H_2 \quad (3.11)$$

$$4Fe_2O_3+CH_4 = 8FeO+CO_2+2H_2O \quad (3.12)$$

$$Fe_2O_3+3CH_4 = 2Fe+3(CO+2H_2) \quad (3.13)$$

$$4Fe_2O_3+3CH_4 = 8Fe+3(CO_2+2H_2O) \quad (3.14)$$

生成的积碳也会与还原得到的金属铁(Fe)反应:

$$3Fe+C = Fe_3C \quad (3.15)$$

还可能发生:

$$3Fe_2O_3 + CH_4 = 2Fe_3O_4 + CO + 2H_2 \quad (3.16)$$

$$12Fe_2O_3 + CH_4 = 8Fe_3O_4 + CO_2 + 2H_2O \quad (3.17)$$

在还原性气氛中，以上部分氧化反应(3.11)、反应(3.13)与反应(3.16)为主反应，随着还原程度的加深，反应(3.15)也是一个不可忽略的反应。除此之外，生成物之间以及生成物与反应物之间也可能会相互反应。

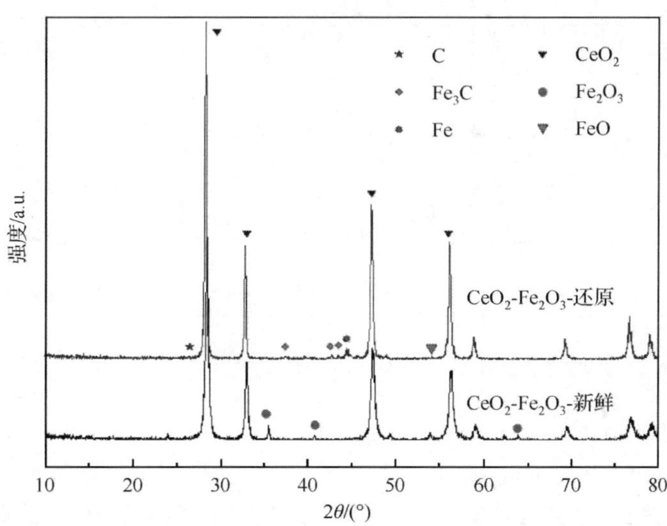

图 3.13　新鲜与甲烷还原后的 CeO_2-Fe_2O_3 氧载体 XRD 图谱

图 3.14 为新鲜、1 次循环与 10 次循环后的 CeO_2-Fe_2O_3 氧载体 XRD 图谱。1 次与 10 次循环 CeO_2-Fe_2O_3 氧载体峰形较为相似，存在的物种大多相同。1 次循环中除 CeO_2 与微弱 Fe_2O_3 衍射峰之外，还出现了很多新物种相特征衍射峰。新物种中 $CeFeO_3$ 的衍射峰强度最强，这说明其含量较高，其次还有 Fe_3O_4 与 FeO 新物种，不过它们的衍射峰强度较弱，相对含量较低。Fe_3O_4 与 FeO 的存在说明在热化学分解水阶段仍有少量的 Fe 低价氧化物未得到很好的再生，或者说未能与水反应生成氢气与 Fe_2O_3。$CeFeO_3$ 的出现并不难理解，$CeFeO_3$ 生成条件：一是弱氧化性气氛下 CeO_2 与 Fe 相互接触并且高温煅烧，二是在还原性气氛下 CeO_2 与 Fe_2O_3 通过高温反应都可以合成 $CeFeO_3$[34]。在本工艺中，氧载体循环中 $CeFeO_3$ 的形成对于材料的性能影响还有待进一步研究。

10 次循环后的 CeO_2-Fe_2O_3 氧载体同样也出现了 CeO_2、Fe_2O_3、Fe_3O_4 与 $CeFeO_3$ 物种，与 1 次循环样品相比不能观测到 FeO 的特征衍射峰，但是却出

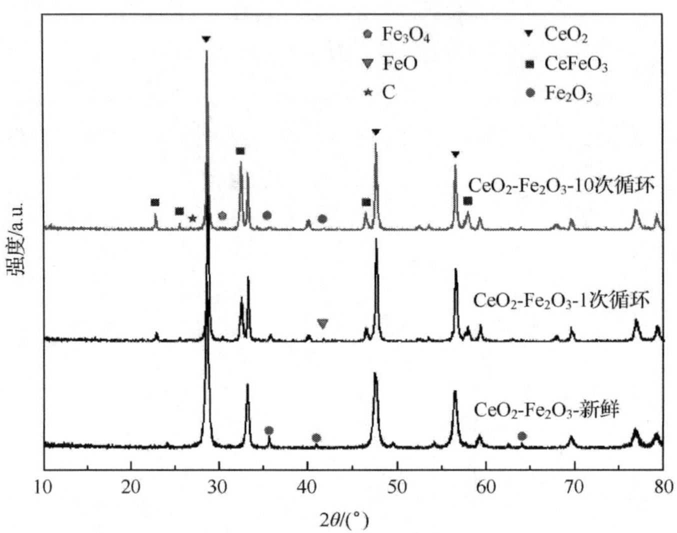

图 3.14 新鲜、1 次循环与 10 次循环后的 CeO_2-Fe_2O_3 氧载体 XRD 图谱

现了 C 的特征衍射峰。FeO 经过下一循环已经被水蒸气氧化成 Fe_3O_4 或 Fe_2O_3，而积碳的出现可能是由于经过多次循环后样品的储氧能力下降或者是出现烧结现象，导致在甲烷还原反应进行到一定程度后样品不能及时提供晶格氧最终使得甲烷在氧载体表面发生裂解反应生成积碳，两方面的原因都可能促成了积碳生成。10 次循环仍存在少量的积碳，而且热化学分解水产出氢气中只含有 CO_2，这些都说明热化学分解水反应过程同时伴随着反应(3.5)与反应(3.6)的发生。10 次循环样品中的 $CeFeO_3$ 的特征衍射峰较 1 次循环相比有所增强，这说明了随着循环次数的增加，$CeFeO_3$ 的相对含量增加，这也印证了本实验中 redox 循环过程有利于 $CeFeO_3$ 生成的事实。

通过甲烷部分氧化反应可以获得还原态氧载体，而还原态氧载体在热化学分解水反应，除涉及反应(3.3)外，仍存在一些低价铁物种与水的反应：

$$3Fe + 4H_2O = Fe_3O_4 + 4H_2 \tag{3.18}$$

$$3FeO + H_2O = Fe_3O_4 + H_2 \tag{3.19}$$

据推测 Fe_3C 可能与水发生如下反应：

$$Fe_3C + 5H_2O = Fe_3O_4 + 5H_2 + CO \tag{3.20}$$

该反应产生的 CO 同样会通过氧载体催化下的水汽变换反应(3.6)而转化为 H_2 与 CO_2。

从 XRD 图谱中可以看出 1 次循环后即有一定量的 $CeFeO_3$ 生成，这就意味着在后续循环过程中，$CeFeO_3$参与了 redox 循环过程。在 redox 循环过程中 $CeFeO_3$ 含量不仅没有减少反而增加了，这说明这种反应条件适合于$CeFeO_3$的合成。

3.6.2 拉曼分析

1. CeO_2

XRD 物相分析对于一些高分散性和低浓度组分的检测具有一定局限性[111]，而拉曼光谱分析对 M—O 伸缩有较强的敏感性[112]，能够提供较多关于简正振动的对称性信息，从而反映物质化学结构特征。

图 3.15 为新鲜、1 次循环与 10 次循环后的 CeO_2 氧载体拉曼图谱。如图所示三个样品中 CeO_2 在 462cm^{-1}有强烈的对应于面心立方结构的 F_{2g}特征拉曼峰，这是由金属氧化物中氧离子在金属阳离子周围的对称振动产生的，位于1170cm^{-1}处的拉曼峰较弱，这应该归属于 A_{1g} 的对称振动以及 E_g 和 F_{2g} 振动综合的结果。

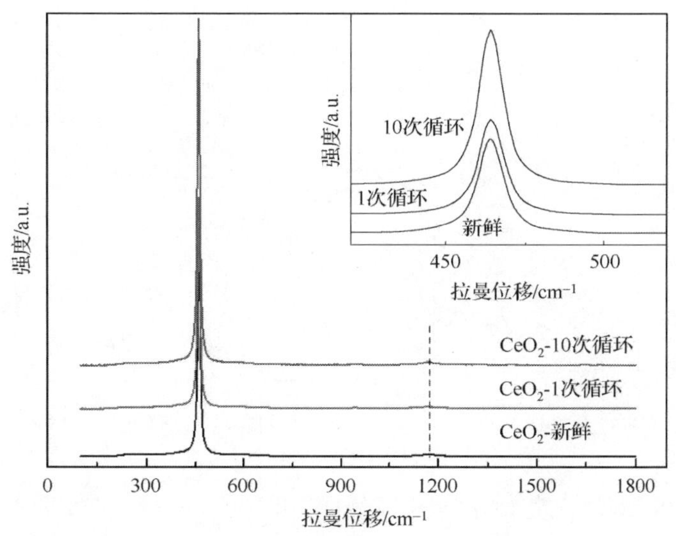

图 3.15 新鲜、1 次循环与 10 次循环后的 CeO_2 氧载体激光拉曼图谱

与新鲜 CeO_2 氧载体相比，1 次循环后样品拉曼峰形、峰强与出峰位置并无明显变化，这说明经过 1 次循环后 CeO_2 材料晶体结构性质无较大改变，但是 10 次循环后样品拉曼峰强度有十分明显的增强。这是由于经过长时间的

高温反应，CeO_2的晶化程度增加，晶粒长大所导致，XRD 检测也验证了这一点。这与文献中所报道的相一致，焙烧温度对 CeO_2的体相与表面性质有较大的影响[113]。

2. Ce-ZrO_2

如图 3.16 所示，最强拉曼峰出现在 471cm^{-1}，该拉曼峰是源于萤石型结构的 F_{2g}特征拉曼峰，这说明样品为立方结构晶体。在 626cm^{-1}处出现了一个较弱的肩峰，这是源于晶体晶格中的的氧缺位或晶格缺陷[129]。而出现在主拉曼峰另一侧 305cm^{-1}的较弱肩峰，其归属于萤石型晶格中理想位置处氧原子的迁移。除此之外在 1200cm^{-1}位置有一较弱拉曼峰，归属于 A_{1g}的对称振动以及 E_g和 F_{2g}振动综合的结果[128]。比对新鲜、1 次循环与 10 次循环样品的主拉曼峰，发现拉曼峰发生红移，这说明在 redox 循环过程中铈锆固溶体发生了进一步的晶化，结晶度增加，这与 XRD 检测上观测的结果相一致[110]。

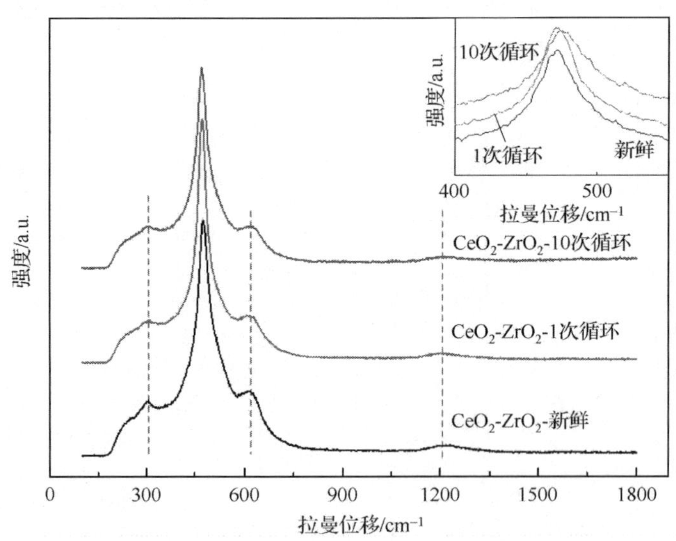

图 3.16　新鲜、1 次循环与 10 次循环后的 CeO_2-ZrO_2氧载体拉曼激光图谱

3. CeO_2-Fe_2O_3

如图 3.17 所示，新鲜的 CeO_2-Fe_2O_3 氧载体在 224cm^{-1}、248cm^{-1}、263cm^{-1}、290cm^{-1}、408cm^{-1} 与 1312cm^{-1} 出现了对应 α-Fe_2O_3 的拉曼特征峰[114]，在 461cm^{-1}出现了 CeO_2所对应的面心立方结构的 F_{2g}特征拉曼峰。但

是样品经过 1 次循环后，几乎观察不到 α-Fe_2O_3 的拉曼特征峰，取而代之是在 461cm^{-1} 附近出现了强烈的 CeO_2 所对应的面心立方结构的 F_{2g} 特征拉曼峰，并且在该主拉曼峰两侧与 1400 cm^{-1} 附近出现了包峰，由于经过 1 次循环后样品成分较为复杂，除主要为 CeO_2、$CeFeO_3$ 外还有少量的 Fe_2O_3、Fe_3O_4 与 FeO，因此我们认为包峰源自于 $CeFeO_3$ 与铁物种的综合贡献。而 CeO_2 对应的拉曼峰显著增强，一方面说明 Fe_2O_3 因在热化学分解水反应中未能全部恢复而含量降低，CeO_2 相对含量上升，另一面与 CeO_2 的晶化程度增大有关。10 次循环后样品包峰消失，主拉曼峰强度有所下降，这说明 CeO_2 转化为其他新物种 $CeFeO_3$ 致使含量下降，300cm^{-1}、661cm^{-1} 与 1300cm^{-1} 出现的拉曼峰很有可能源于新物种 $CeFeO_3$，不过就纯 $CeFeO_3$ 的激光拉曼图谱未见有报道。

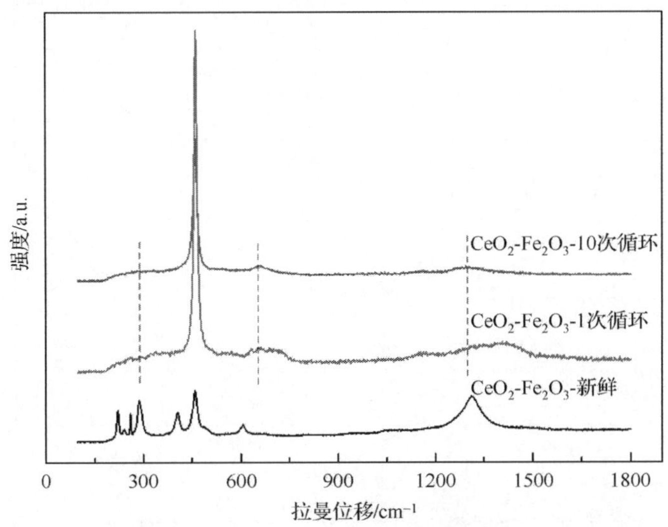

图 3.17　新鲜、1 次循环与 10 次循环后的 CeO_2-Fe_2O_3 氧载体激光拉曼图谱

3.6.3　程序升温还原分析

1. CeO_2

图 3.18 为新鲜、1 次循环与 10 次循环后的 CeO_2 氧载体程序升温氢还原（H_2-TPR）图谱。由前面分析可知，CeO_2 的 H_2-TPR 图谱中有三个氢气还原峰，分别在 200℃、500℃与 900℃，依次可以归结为 CeO_2 表面吸附分子氧、表面晶格氧、体相晶格氧的还原。与新鲜 CeO_2 氧载体相比，循环 1 次后的 CeO_2

样品表面吸附分子氧的氢气还原峰几乎观察不到，表面晶格氧的氢气还原温度提高到 620℃，体相晶格氧的还原温度至 900℃时仍未见平稳趋势。10 次循环后样品图谱曲线趋于平滑，峰形与 1 次循环样品相似，但是表面晶格氧所对应的氢气还原峰面积有所减小，而体相晶格氧的氢气还原峰所对应的峰面积却有所增加，这说明经过了 10 次循环，CeO_2样品表面晶格氧减少，这可能是由于经过了长时间的还原性气氛下的反应，CeO_2表面氧缺位值增大，导致表面晶格氧的减少，另外，表面晶格氧的减少也会加速体相晶格氧向外迁移的速度，从而加大体相晶格氧的还原程度，这也是体相晶格氧对应氢气还原峰面积增大的原因。

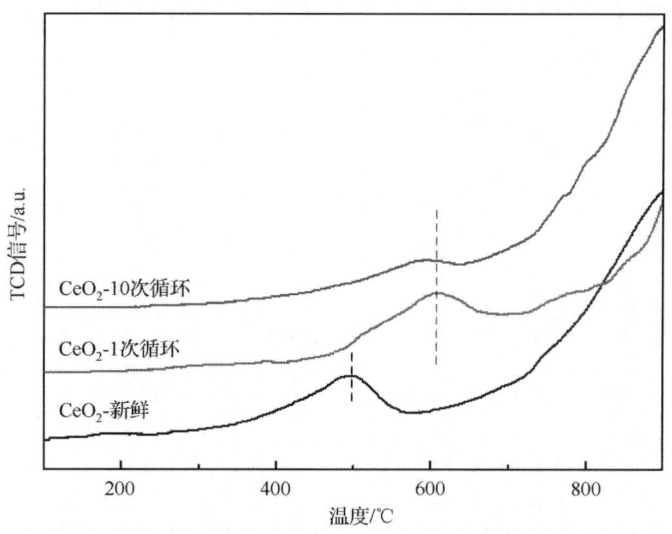

图 3.18 新鲜、1 次循环与 10 次循环后的 CeO_2 氧载体 H_2-TPR 图谱

从 1 次循环与 10 次循环后的 CeO_2 氧载体 H_2-TPR 峰形来看，其氢气消耗量较新鲜 CeO_2 氧载体都有明显的减少，这也暗示了 CeO_2 氧载体在 redox 循环中反应活性会因储氧量的减少而降低，在 CeO_2 氧载体循环实验中也证实了这一点。

2. Ce-ZrO_2

图 3.19 为新鲜、1 次循环与 10 次循环后的 CeO_2-ZrO_2 氧载体 H_2-TPR 图谱。与纯 CeO_2 氧载体新鲜、1 次循环与 10 次循环的 H_2-TPR 图谱相比，峰形、峰强度与出峰位置的变化相对较小。这表明了 CeO_2-ZrO_2 固溶体的稳定

性较纯 CeO_2 的高。1 次循环与 10 次循环样品中，低温下氢气还原峰已变得不明显，这说明经过长时间的高温、还原性气氛下的反应，表面吸附分子氧被还原脱附。其表面晶格氧的还原温度经过循环后从 575℃迁移至 640℃，这是源于样品的高温烧结。而且随着循环次数的增加，体相晶格氧与表面晶格氧的氢气还原峰界限逐渐模糊，这说明在 CeO_2-ZrO_2 固溶体样品中体相晶格氧与表面晶格氧的界限并不明显，固溶体有利于体相晶格氧的还原[110]。从氢气消耗量来看，新鲜、1 次循环与 10 次循环中样品氢气消耗量变化并不大，这也即是在 redox 循环中 CeO_2-ZrO_2 固溶体能够维持较高活性的原因。

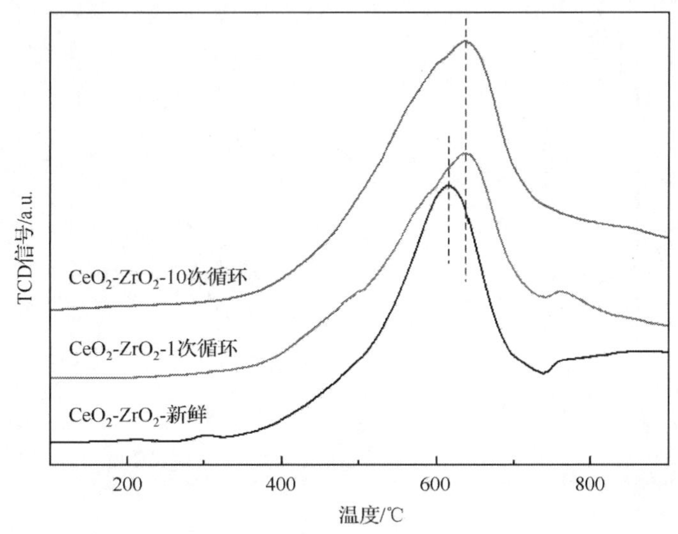

图 3.19　新鲜、1 次循环与 10 次循环后的 CeO_2-ZrO_2 氧载体 H_2-TPR 图谱

3. CeO_2-Fe_2O_3

新鲜 CeO_2-Fe_2O_3 样品的氢气还原峰源于 CeO_2、Fe_2O_3 与 Ce-Fe-O 固溶体的综合贡献(图 3.20)。但是 1 次循环与 10 次循环的氧载体峰形、出峰位置都有较大的变化，这说明经过 redox 循环后样品中出现新物种，同时样品表面吸附氧都在 redox 循环还原性气氛高温焙烧下被还原脱附。1 次循环与 10 次循环样品的氢气还原图谱较为相似，这意味着在 1 次与 10 次循环中出的新物种是相同的。1 次循环样品中第一个还原峰(450℃)源于 CeO_2、Fe_2O_3 与 Fe_3O_4 的表面晶格氧的氢气还原峰[115]，该氢气还原峰并不是源于 $CeFeO_3$ 中表面晶格氧的还原，这是因为 XRD 检测显示 10 次循环样品中 $CeFeO_3$ 含量较

1 次循环的高，而在 H_2-TPR 图谱中发现该氢气还原峰弱化。1 次循环样品中高温平头峰应该是源自于 CeO_2、Fe_2O_3 与 Fe_3O_4 的深度还原，以及 FeO、$CeFeO_3$ 的还原。10 次循环后，随着样品中更多的 CeO_2 与 Fe 物种生成 $CeFeO_3$，CeO_2、Fe_2O_3 与 Fe_3O_4 的氢气还原峰有所弱化，450℃的氢气还原峰因此被弱化。10 次循环后样品中的 Fe_3O_4 与 FeO 含量减少，主要物相为 CeO_2 与 $CeFeO_3$，样品对应的氢气还原峰较 1 次循环平滑，此时图谱只能观察到一个位于 630℃的氢气还原峰，高温还原峰在 900℃之上，两者主要源于 CeO_2 与 $CeFeO_3$ 表面晶格氧与体相晶格氧的还原。

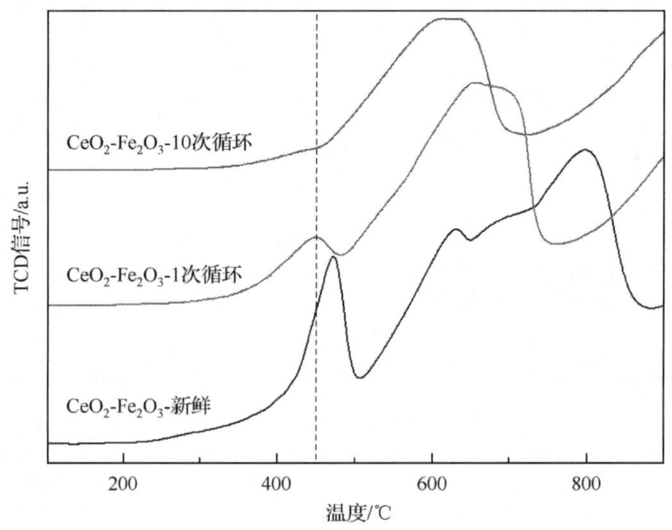

图 3.20 新鲜、1 次循环与 10 次循环后的 CeO_2-Fe_2O_3 氧载体 H_2-TPR 图谱

3.7 小 结

(1) 热力学分析显示大多数金属氧化都是具有实现化学链蒸汽重整两步反应的热力学可能性的。

(2) Fe^{3+}、Zr^{4+} 与 Ni^{2+} 对 CeO_2 掺杂中，Zr^{4+} 完全进入其晶格中形成完全固溶体，少量 Fe^{3+} 与 Ni^{2+} 进入其晶格中形成固溶体。掺杂后的样品普遍显示出较好的还原性能。

(3) 在甲烷与氧载体气固反应中，随着温度的升高，反应活性增强，其中 CeO_2-NiO 显示出明显的催化甲烷裂解作用，而 CeO_2-WO_3 在研究温度范围内活性最低。CeO_2、CeO_2-ZrO_2与CeO_2-Fe_2O_3氧载体显示出较好的甲烷选择性氧化特性。

(4) CeO_2、CeO_2-ZrO_2与CeO_2-Fe_2O_3氧载体都具有较好的化学链蒸汽重整制氢与合成气性能，其中CeO_2-ZrO_2与CeO_2-Fe_2O_3显示出较高的反应活性，CeO_2-Fe_2O_3被认为是具有潜在优势的 CL-SMR 氧载体。

(5) 材料性能表征结果显示：在循环过程铈基氧化物主要依靠晶格氧的传输来实现选择性氧化与分解水反应，其中 Fe 的添加能够改善材料氧化还原能力，而 Zr 的添加能够显著提高材料的稳定性。

第 4 章　Ce-Fe-O 氧载体选择性氧化性能

4.1 引　言

化学链蒸汽重整工艺中，对于第一步反应，氧载体晶格氧选择性氧化甲烷制取合成气来说，反应与目标产物对氧载体的材料性能具有较高的要求。对于通常作为氧载体的一般金属氧化物而言，要实现定向的转化甲烷为合成气存在一定难度，只有一些少数具有选择性氧化性能的金属氧化物或通过与其他活性金属氧化物的耦合匹配才能实现该过程。而在 CL-SMR 工艺中的第二步是使用水蒸气为氧源对还原态氧载体进行再生。前文中，我们对还原态金属氧化物分解水制氢反应进行了热力学分析，结果显示大部分金属氧化物的还原态都是可以通过分解水反应在自身晶格氧再生的同时产生氢气的。CL-SMR 工艺中第一步反应对氧载体材料的要求严格，特别是第一步反应活性对后续过程产氢量存在一定的关联作用。因此，对于初步筛选出来具有良好的 redox 性能的 Ce-Fe-O 氧载体选择性氧化甲烷的反应，进一步的研究是十分必要的。

4.2 原位甲烷还原评价方法

“*in situ*”(原位)分析检测技术是一种用于表征与监控实时反应过程的现代分析测试手段，对于反应机理的挖掘与直观表达具有重要意义。我们利用红外气体分析仪与程序升温固定床反应器实现了甲烷与氧载体的气-固反应表征。通过原位甲烷程序升温还原反应来研究气-固反应受温度的影响与晶格氧对甲烷的氧化特性随温度变化的特性。在原位恒温甲烷还原反应可以较为直观地描述晶格氧的消耗对选择性氧化性能的影响与表面晶格氧与深层次的晶格氧不同氧化特性。

此外，结合该原位表征可以对 Ce-Fe 材料之间存在的协同进行研究，有助于提高对 Ce-Fe 材料性能进一步的认识，从而帮助解读其选择性氧化机理。金属氧化物晶格氧氧化甲烷反应中，众多研究表明，无论在完全氧化还是在选择性部分氧化过程中，氧化产物 H_2O/H_2 与 CO_2/CO 的产生速率存在特定的协调关系[109~117]。根据本研究小组获得的选择性氧化尾气组分曲线图，对晶格氧氧化甲烷过程中的产物协调性进行了研究。一般认为在甲烷氧化过程中，完全氧化产物与部分氧化产物产生速率相对应，即是在完全氧化过程中，每产生 1mol 的 CO_2 就会有与之相对应的 2mol H_2O 产生；而在选择性氧化过程中，每产生 1mol 的 CO 就会有与之相对应的 2mol H_2 产生。这种反应机理不仅满足 CH_4 中的碳氢比，还与氧化物中的晶格氧阶段性氧化特性相一致。

图 4.1 为甲烷与氧载体反应中的甲烷氧化产物（CO、CO_2、H_2、H_2O）协调性图，其原始数据取自于固定床反应中尾气色谱分析结果。从图中可以看出无论是 H_2/CO 还是 H_2O/CO_2 的物质的量比都是接近理论值 2 的，都在 1.7～2.8 的范围内进行波动。在整个反应阶段，H_2/CO 的比值均匀地发生变化，并且接近理论值 2，不过与之相对应的 H_2O/CO_2 比值按照理论状态而言是应该均匀的发生变化并且线性与 H_2/CO 的比值应该有一定的相似性，但从图中的可以看出 H_2O/CO_2 比值波动十分严重。甲烷氧化过程中尾气通过气相色谱仪进行检测，随着反应的进行，尾气中二氧化碳的含量已经变得很低，鉴于色谱对二氧化碳的响应程度低以及实验过程中可能存在的误差，因此可以初步认为上述图中高的 H_2O/CO_2 比值是由于实验误差造成的。不过通过上述实验结果分析，是可以看出在 Ce-Fe-O 氧载体氧化甲烷过程中产物 H_2/CO 与 H_2O/CO_2 是具有一定的协调性的，且物质的量比接近 2。

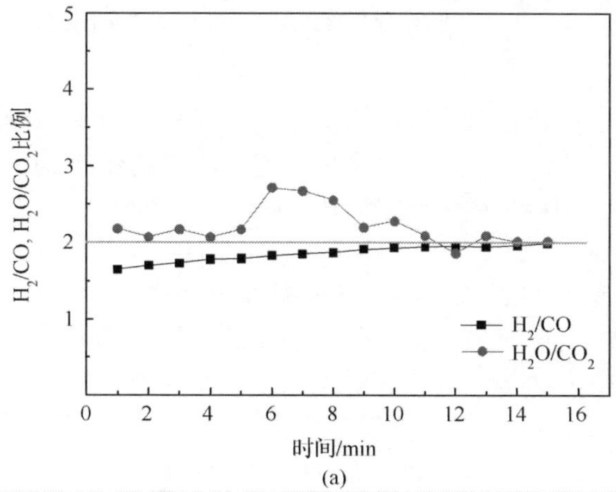

(a)

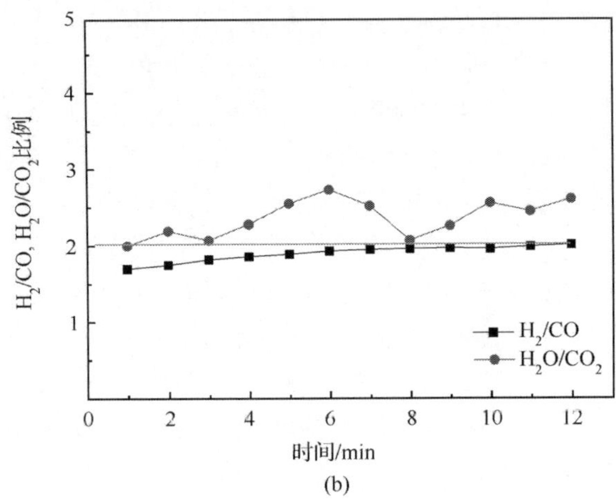

图 4.1 800℃下甲烷与氧载体反应中的甲烷氧化产物协调性研究
(a) 新鲜 Ce-Fe-O-7/3(800)氧载体；(b) 10 次循环后 Ce-Fe-O-7/3(800)氧载体

氧载体氧化甲烷过程中产物协调性的证实也为其氧化过程研究提供了便利，即在研究产物中 CO 与 CO_2 或 H_2 与 H_2O 的变化特性即可说明整个产物中的各组分变化特性。在此理论的基础上，采用原位甲烷还原反应（*in situ* CH_4-reduction）对 Ce-Fe-O 氧载体氧化甲烷过程进行了描述，以期获得更加详细的材料信息。

4.3 原位甲烷程序升温还原评价

原位甲烷程序升温还原反应（*in situ* CH_4 temperature programmed reduction，*in situ* CH_4-TPR）可以用来描述反应过程中产物随着温度升高的变化情况，从而反应材料在不同温度下的氧化特性与活性。

图 4.2 为 $Ce_{1-x}Fe_xO_{2-\delta}$ 氧载体（x=0，0.1，0.2，0.3，0.4，0.5，0.6，1）原位甲烷程序升温还原中的 CO_2 与 CO 随温度变化图。对于 CeO_2 与 Ce-Fe 氧载体而言，在低温（350～600℃）下的氧化产物几乎为 CO_2；从 600℃开始氧化产物中才出现 CO，CO 的含量随着温度的升高而缓慢上升，在 600～750℃期间，CO_2 与 CO 并存；当温度至 750℃左右时，CO 的含量超过了 CO_2 成为主要氧化产物，在温度 750～900℃温度范围内，CO_2 的含量发生波动后并有所回落，与此同时 CO 含量随温度的升高而迅速上升，含量超过 CO_2 的 3 倍有余。此外值得注意的是，甲烷的氧化温度即 CO_2 产生的起始温度随着氧载体中的 Fe 含量的增加发生缓慢的迁移，当 Fe 的含量达到 0.6 时，其甲烷氧化起始温

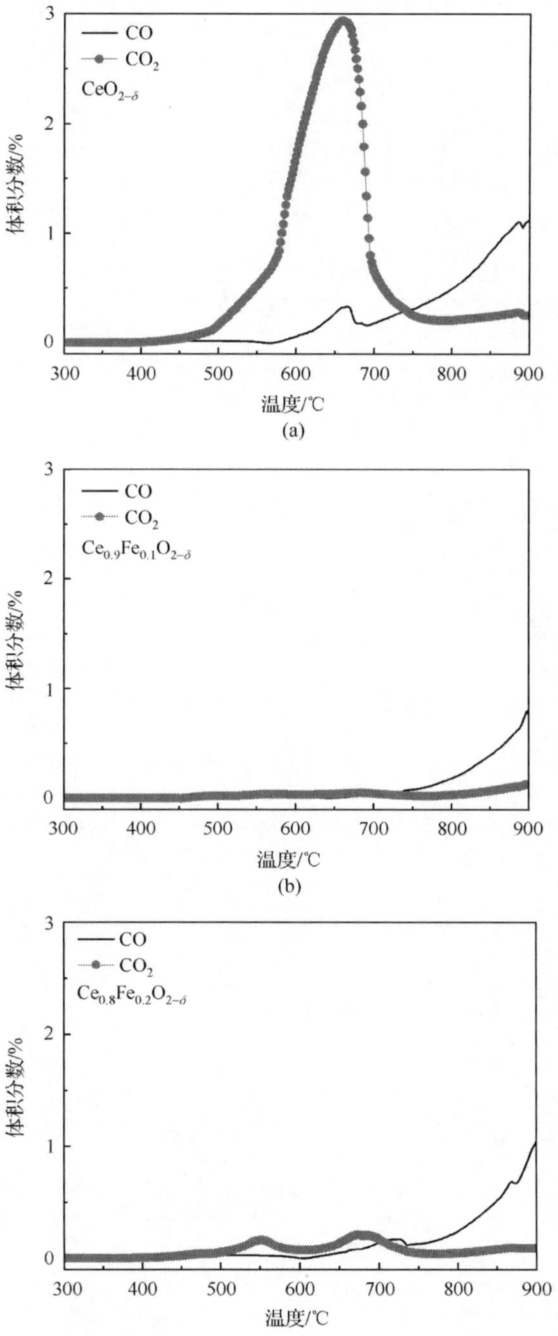

CO
CO_2
$CeO_{2-\delta}$
体积分数/%
温度/℃
(a)
CO
CO_2
$Ce_{0.9}Fe_{0.1}O_{2-\delta}$
体积分数/%
温度/℃
(b)
CO
CO_2
$Ce_{0.8}Fe_{0.2}O_{2-\delta}$
体积分数/%
温度/℃
(c)

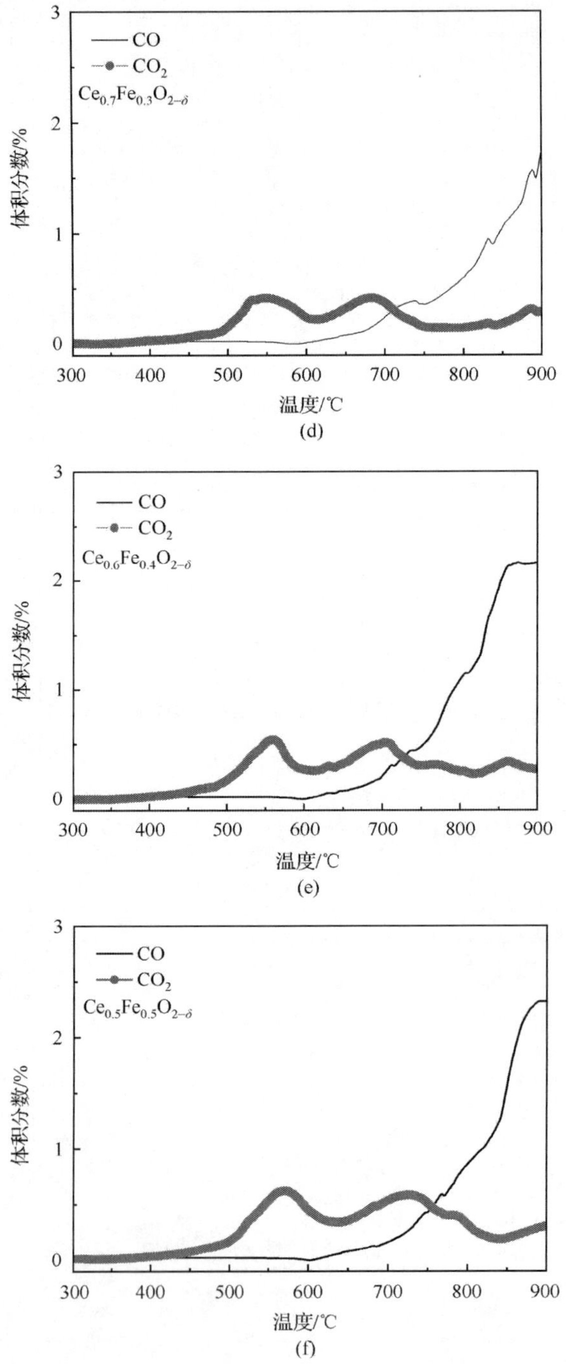

CO
CO2
Ce0.7Fe0.3O2−δ
体积分数/%
温度/℃
(d)
CO
CO2
Ce0.6Fe0.4O2−δ
体积分数/%
温度/℃
(e)
CO
CO2
Ce0.5Fe0.5O2−δ
体积分数/%
温度/℃
(f)

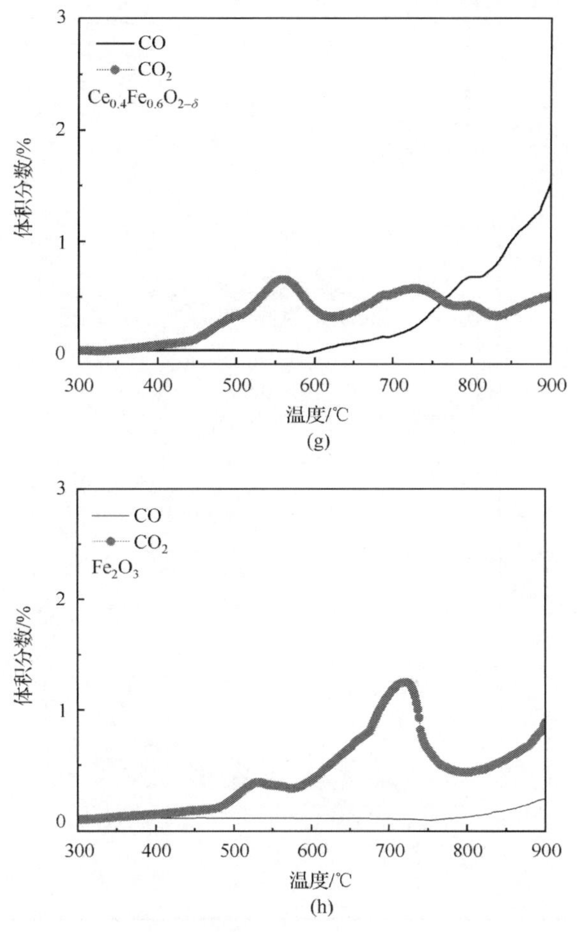

图 4.2　$Ce_{1-x}Fe_xO_{2-\delta}$氧载体（x=0,0.1,0.2,0.3,0.4,0.5,0.6,1）原位甲烷程序升温还原测试

度已几乎接近纯 Fe_2O_3的甲烷氧化起始温度 350℃。

如图 4.3(a)，在整个氧化过程中，Ce-Fe 复合氧化物表现出较为相似的特性，纯 CeO_2在 650℃下出现了一个十分强烈的 CO_2溢出峰，与此在同位置相对应的是 CO 的低强度溢出峰，结合众多研究者对 CeO_2的还原特性的研究[65～69]，此温度下的低温还原峰主要是源于氧化铈表面活性晶格氧的还原。而纯 Fe_2O_3而言在整个氧化过程中表现的主要是完全氧化特性，在温度升高至 750℃的情况下才出现微弱的 CO 溢出曲线，这与众多研究者报道的 Fe_2O_3是一种适合于甲烷化学链燃烧氧载体的实验现象相对应[118]。

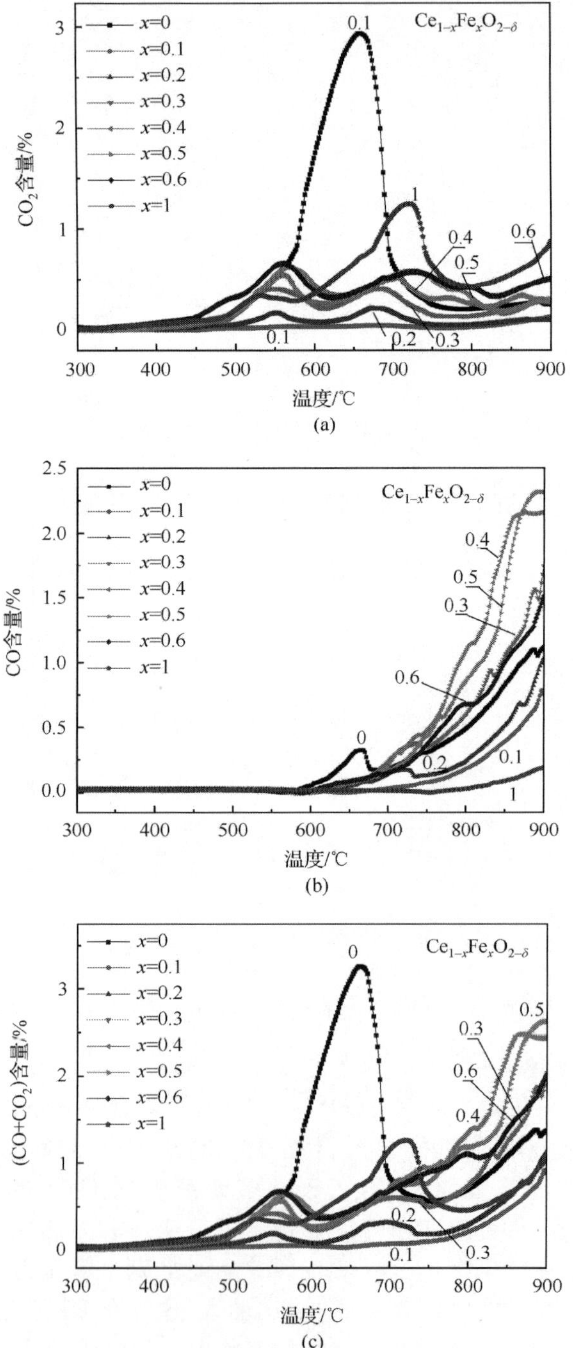

x=0
x=0.1
x=0.2
x=0.3
x=0.4
x=0.5
x=0.6
x=1
$Ce_{1-x}Fe_xO_{2-\delta}$
CO_2含量/%
温度/℃
(a)
CO含量/%
温度/℃
(b)
$(CO+CO_2)$含量/%
温度/℃
(c)

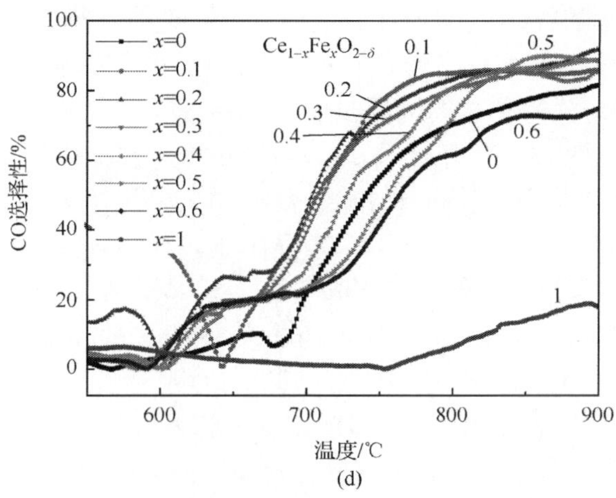

(d)

图 4.3　$Ce_{1-x}Fe_xO_{2-\delta}$氧载体(x=0,0.1,0.2,0.3,0.4,0.5,0.6,1)原位甲烷程序升温还原性能比较

图 4.3 为 $Ce_{1-x}Fe_xO_{2-\delta}$氧载体(x=0,0.1,0.2,0.3,0.4,0.5,0.6,1)原位甲烷程序升温还原中的各项性能指标。氧化产物中的CO_2可以归结为高活性晶格氧的氧化产物,而这种高活性的晶格氧按照其被还原温度的从低到高可以分为强活性晶格氧与次强活性晶格氧。从CO_2的溢出曲线可以看出活性晶格氧随温度的释放过程。纯氧化铈在 650℃下的CO_2强烈溢出峰强度甚至超过了通常认为具有很好的完全氧化作用的Fe_2O_3,这说明本实验中制备得到的纯CeO_2在较低温度下具有很高氧化活性。除纯氧化物外,Ce-Fe 复合氧化物的CO_2的溢出强度在较大的温度区域内呈现出来的总体趋势为:$Ce_{0.9}Fe_{0.1}O_{2-\delta}<Ce_{0.8}Fe_{0.2}O_{2-\delta}<Ce_{0.7}Fe_{0.3}O_{2-\delta}<Ce_{0.6}Fe_{0.4}O_{2-\delta}<Ce_{0.5}Fe_{0.5}O_{2-\delta}<Ce_{0.4}Fe_{0.6}O_{2-\delta}$。值得注意的是,无论是与纯$CeO_2$还是纯$Fe_2O_3$相比,Ce-Fe 复合氧化物氧化产物中的$CO_2$溢出峰强度减弱,这意味着复合氧化物中的这种完全氧化活性氧选择性氧化晶格氧的迁移,其变化趋势能够削弱选择性氧化过程中的完全氧化作用。

如图 4.3(b),从 600℃开始,随着温度的升高,CO 溢出量逐渐升高,至800℃以上,升高速度加快,这说明较高的温度有利于甲烷选择性氧化制合成气。其中纯Fe_2O_3在温度达到 750℃才开始有 CO 溢出,而且含量十分低。

依据甲烷转化率的计算方法,在原料气甲烷量一定的前提下,CO_2与 CO 的含量高低等同于转化率的高低。在 800℃以下的温度区域里,Ce-Fe 复合氧化物的甲烷转化率随着 Fe 含量增加而增加。在温度高于 850℃时，$Ce_{0.5}Fe_{0.5}O_{2-\delta}$与 $Ce_{0.4}Fe_{0.6}O_{2-\delta}$氧载体显示出较高的转化率。此外，与纯氧化物相比，复合氧载体的转化率对应的峰位置向高温段明显偏移，低温下的还原峰变弱。

从 CO 溢出温度 600℃开始，铈基氧载体的 CO 选择性随着温度的升高而升高，至 800℃左右达到 80%并保持稳定。除 $Ce_{0.6}Fe_{0.4}O_{2-\delta}$外的复合氧载体在合成气制备温度范围(800～900℃)内显示出较高的选择性。整个程序升温过程中，纯 Fe_2O_3保持着极低的 CO 选择性。

在低温下，CeO_2表面高活性晶格氧 $Ce^{4+}\rightarrow Ce^{3+}$ 的还原表现为甲烷的完全氧化，较高温下深层次的 Ce^{4+} 还原能够选择性氧化甲烷为 CO[73]，在 650℃左右 CeO_2表现出高的氧化活性与低的 CO 选择性表明其可以作为一种良好的低温氧化材料或可用于低温催化燃烧过程[119]。Fe_2O_3 在整个还原过程中主要表现为完全氧化特性，只有在 750℃以后才有少量的部分氧化产物 CO 产生，根据 Fe_2O_3的 H_2-TPR 还原理论基础，按照其在 550℃与 700℃下的甲烷还原峰可将其还原过程分为 $Fe_2O_3\rightarrow Fe_3O_4$与 $Fe_3O_4\rightarrow Fe$，而在 800℃之后的升高趋势及可能在 900℃附近出现的还原峰应该归结于更深层次的 Fe^{3+} 的还原。在 Ce-Fe 复合氧化物的甲烷还原过程中，550℃与 700℃附近的甲烷还原峰应该归结于 $Fe_2O_3\rightarrow Fe_3O_4$与 $Fe_3O_4\rightarrow Fe$ 两步还原过程以及伴随在此温度范围内的 CeO_2表面晶格氧的还原，与纯 CeO_2相比，复合氧化物的主要晶格氧还原峰向较高温度迁移趋向于贡献选择性氧化过程。

Ce-Fe 复合氧化物并不是简单的 CeO_2与 Fe_2O_3的效果累加，Fe 的掺杂能够促进甲烷的还原峰向高温段偏移并且提高 CO 选择性，这些有益效果可以归结于 Ce 与 Fe 物种的协同作用，该协同作用表现出很好的晶格氧选择性氧化甲烷性能。Ce-Fe 的复合氧化物中 Fe 的含量超过 50%后，不仅会降低其甲烷氧化活性，还会削弱其 CO 选择性。较高的反应温度(>800℃)能够提高 CO 的选择性与甲烷的氧化活性，有利于甲烷选择性氧化制取合成气。

4.4 原位甲烷恒温还原评价

为进一步获得 $Ce_{1-x}Fe_xO_{2-\delta}$材料作为甲烷选择性氧载体的详细信息，有必要进行恒温下的原位甲烷还原特性测试(in situ CH_4 isothermal reduction, in situ CH_4-IR)。

图 4.4 显示的是 $Ce_{1-x}Fe_xO_{2-\delta}$氧载体(x=0，0.1，0.2，0.3，0.4，0.5，0.6，1)在 850℃下原位甲烷恒温还原性能测试。对于所有的铈基氧化物样品

而言，在恒温甲烷还原反应过程中的，在反应的起始阶段其氧化产物主要都是 CO_2 并且伴随着少量的 CO 生成，CO_2 的含量迅速达到最大并且快速下降呈现出一个尖锐的“∧”的趋势，在 CO_2 含量上升同时中 CO 含量迅速上升并且呈现出不同的变化形式。短暂的 CO_2 释放过程结束之后，氧化产物就转变成以 CO 为主要氧化产物。在所有的氧载体中 CO_2 溢出峰表现出很强的相似性，呈“∧”形状，纯 CeO_2 的 CO 溢出曲线开始快速升高然后缓慢的下降至接近零，而 Ce-Fe 复合氧化物呈现出明显的溢出峰。

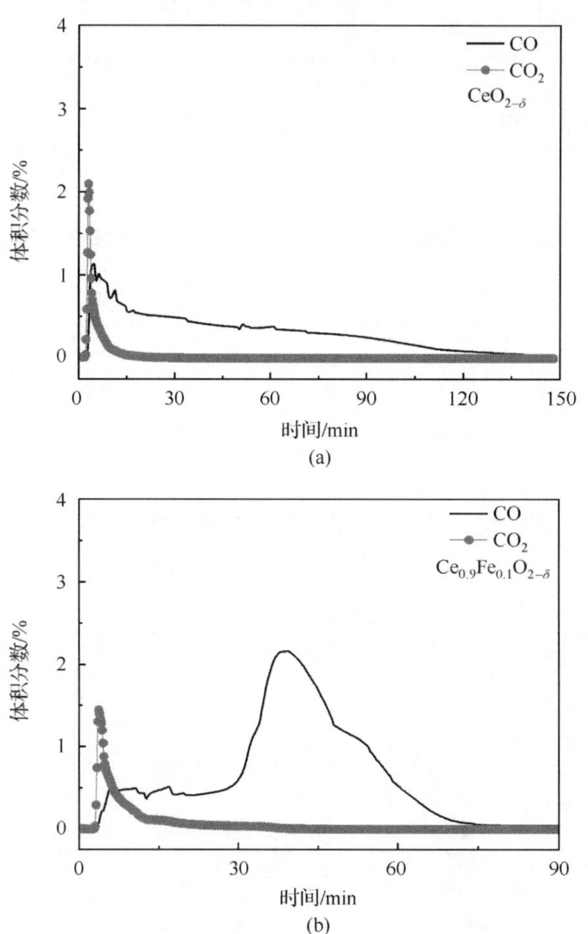

(a)

(b)

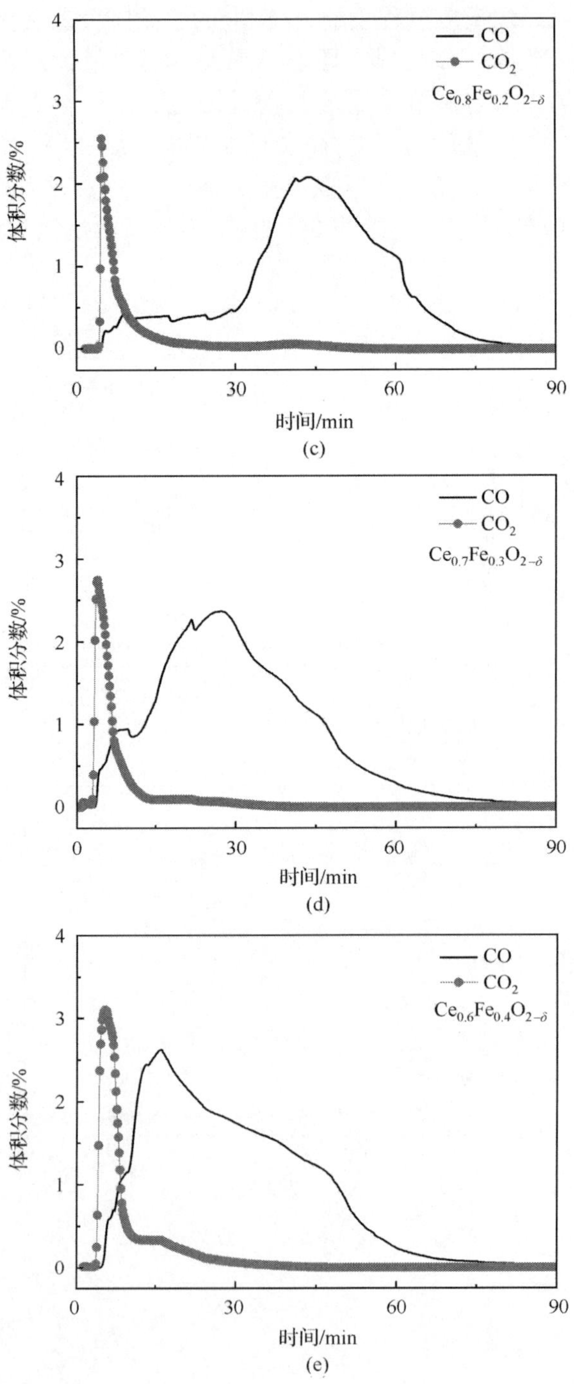

4
3
2
1
0
体积分数/%
CO
CO2
Ce0.8Fe0.2O2-δ
0
30
60
90
时间/min
(c)
4
3
2
1
0
体积分数/%
CO
CO2
Ce0.7Fe0.3O2-δ
0
30
60
90
时间/min
(d)
4
3
2
1
0
体积分数/%
CO
CO2
Ce0.6Fe0.4O2-δ
0
30
60
90
时间/min
(e)

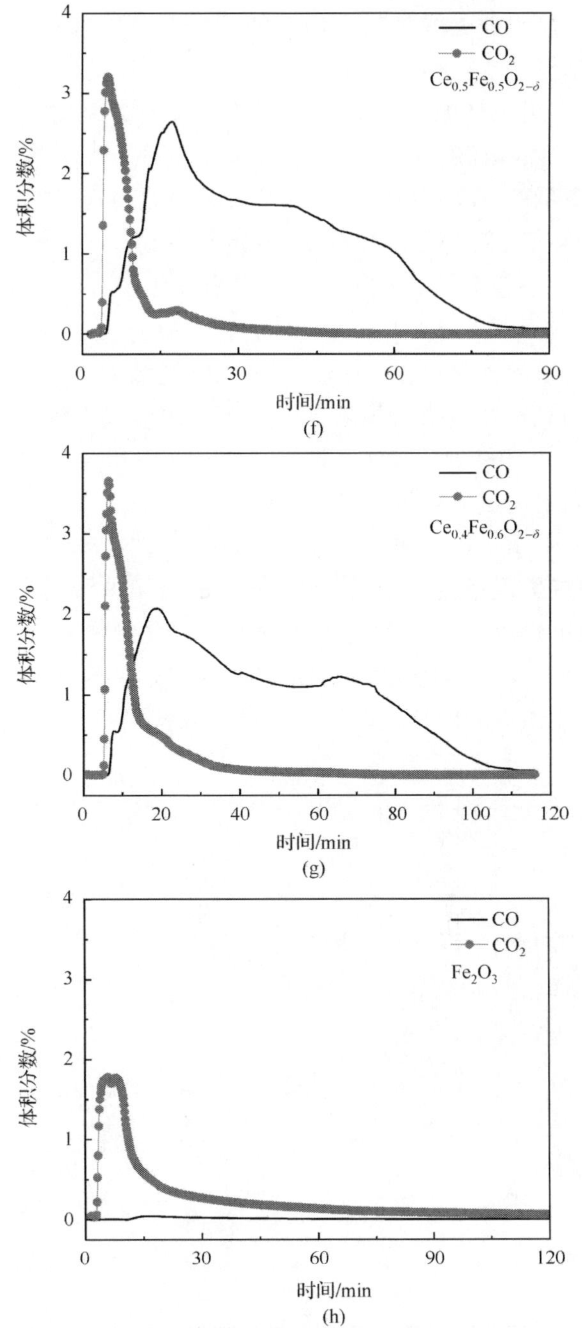

图 4.4　$Ce_{1-x}Fe_xO_{2-\delta}$氧载体(x=0,0.1,0.2,0.3,0.4,0.5,0.6,1)在 800℃下原位甲烷恒温还原性能

通过图中不同组分曲线与时间构成的面积就可以判断 CO 或 CO_2 的量。几乎所有的铈基氧化物样品的氧化过程中产物中 CO 的量远远超过了该过程中 CO_2 的量，这也可以从侧面反映 CeO_2 及 Ce-Fe 复合氧化物良好的选择性氧化能力。纯 Fe_2O_3 的恒温氧化甲烷产物以 CO_2 为主，只有当 CO_2 含量开始降低后才能溢出少量的 CO 并在短时间内结束其释放过程。

纯 CeO_2 和纯 Fe_2O_3 都分别需要 150min 与超过 120min 才能完成晶格氧的释放过程，而且在整个晶格氧的释放过程中氧化产物的含量与时间构成的面积(表观氧释放量的大小)小很多。$Ce_{1-x}Fe_xO_{2-\delta}$ 氧载体(x=0，0.1，0.2，0.3，0.4，0.5)的恒温氧化过程在 90min 内就已经结束，$Ce_{0.6}Fe_{0.4}O_{2-\delta}$ 氧载体由于其较高的储氧量在较高的氧化产物溢出量的情况下维持了 120min 才结束反应。相比之下 Ce-Fe 复合氧化物不仅保持了高的氧化产物含量，而且能够在较短的时间里完成晶格氧的释放过程。

图 4.5 为 $Ce_{1-x}Fe_xO_{2-\delta}$ 氧载体 (x=0，0.1，0.2，0.3，0.4，0.5，0.6，1)在 850℃下原位甲烷恒温还原性能指标图。CO_2 的溢出曲线具有很强的相似性，随着 Fe 添加量的增加，Ce-Fe 复合氧化物的 CO_2 含量增高，对应面积也增大，并在 30min 后几乎无 CO_2 生成。Fe_2O_3 对应的 CO_2 溢出峰形成的面积处于中等水平，且随着晶格氧的消耗低含量 CO_2 维持较长时间。

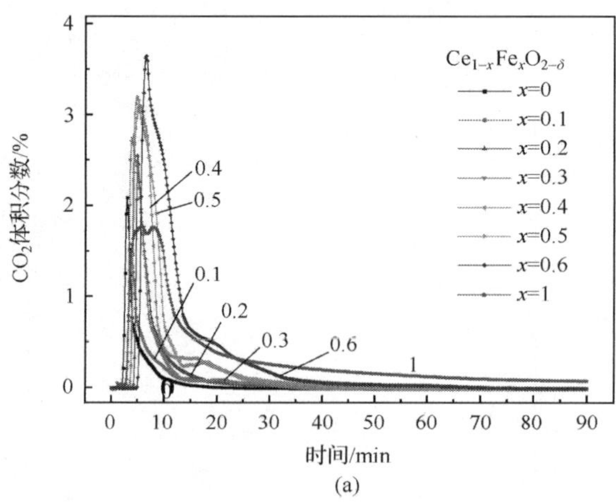

(a)

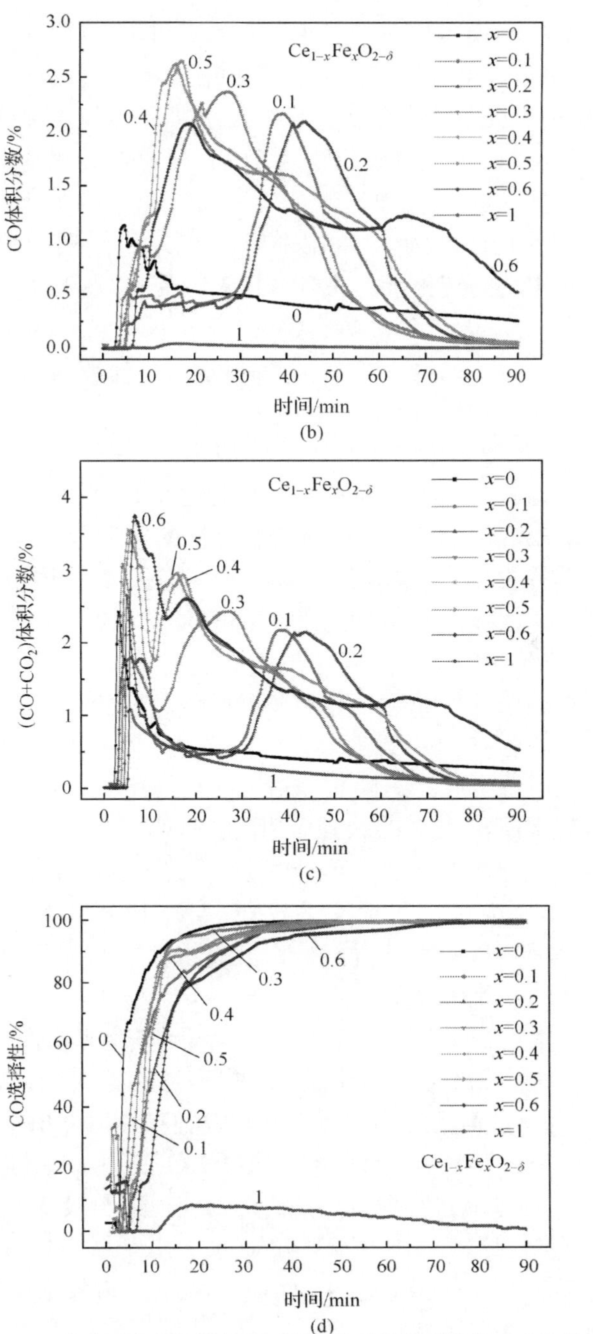

图 4.5　$Ce_{1-x}Fe_xO_{2-\delta}$氧载体（x=0，0.1，0.2，0.3，0.4，0.5，0.6，1）在 850℃下原位甲烷恒温还原性能比较

Fe 掺杂后的 Ce-Fe 复合氧化物的 CO 的溢出峰与纯 CeO_2 表现出截然不同的峰形，强度都得到增强，随着 Fe 含量的增加，CO 溢出曲线所构成的面积区域呈增大趋势，即便是 Fe 的含量为 0.1 时，其 CO 溢出曲线所构成的面积就得到显著增强。Ce-Fe 复合氧化物的 CO 在快速上升达到最高点之前都有一个“台阶”形状的平台。

CO 与 CO_2 的总含量高低可以用来衡量甲烷转化率，而曲线与时间轴形成的面积对应于甲烷的转化量。在整个恒温反应过程中，甲烷的转化量的变化顺序为：$Fe_2O_3 < CeO_2 < Ce_{0.9}Fe_{0.1}O_{2-\delta} < Ce_{0.8}Fe_{0.2}O_{2-\delta} < Ce_{0.7}Fe_{0.3}O_{2-\delta} < Ce_{0.6}Fe_{0.4}O_{2-\delta} < Ce_{0.5}Fe_{0.5}O_{2-\delta} < Ce_{0.4}Fe_{0.6}O_{2-\delta}$，此外转化率上也存在着这种趋势。

CO 选择性从反应开始的 10min 后开始迅速上升，至 20min 左右时超过 80%，随后缓慢升高，至 35min 左右达到最大接近 100%并保持稳定。在整个过程中，纯 CeO_2 表现出最高的 CO 选择性，Fe 的掺杂量在 0.1～0.6 的复合氧载体其 CO 选择性稍有削弱，其中 $Ce_{0.4}Fe_{0.6}O_{2-\delta}$ 氧载体由于其较高的 Fe 含量致使其对 CO 选择性发生较为明显的降低。而纯 Fe_2O_3 表现出极低的 CO 选择性（<10%）。

在恒温甲烷还原过程中，CeO_2 及 Ce-Fe 复合氧化物的表面高活性晶格氧首先完全氧化甲烷生成 CO_2，随着高活性表面晶格氧的消耗，低活性内部晶格氧能够选择氧化甲烷生成 CO，随着晶格氧的消耗殆尽，氧化过程结束。对于纯 CeO_2 而言，起始阶段对应的快速氧化过程（高转化率峰）为表面 $Ce^{4+} \rightarrow Ce^{3+}$（对应 $O_{Sur.}$）的还原过程，在随后的较长一段时间内 CeO_2 持续向外释放内部晶格氧（$O_{Latt.}$）维持氧化反应的进行，直至达到其还原极限。由于纯 Fe_2O_3 在高温下拥有良好的氧释放能力，其传统两步骤还原过程在恒温过程几乎在难以觉察的较短时间发生。

前一节原位甲烷程序升温还原反应对 Ce-Fe 复合氧化物材料评价取得的结果显示，Ce-Fe 复合氧化物的低温还原氧（高活性晶格氧）较纯物质都有明显的向高温段偏移（次高活性晶格氧）。因此我们认为 Ce-Fe 复合金属氧化物还原过程中首先是表面 Fe_2O_3 的表层还原（$Fe_2O_3 \rightarrow Fe_3O_4$）与 CeO_2 表面晶格氧（$O_{Sur.}$）的还原，该还原过程的特点是高的反应速度与极低的 CO 选择性；然后是 Fe_2O_3 的深度还原（$Fe_3O_4 \rightarrow Fe$）与 CeO_2 内部晶格氧（$O_{Latt.}$）的还原，在该阶段铁氧化物被还原至原位金属 Fe，而 CeO_2 表层晶格氧也得到还原，随着这些氧物种的消耗，CO 选择性得到极大提高，材料更趋向于选择性氧化，该步骤的主要作用体现在对氧化铈内部晶格氧的活化作用，在 4.4 图中 Ce-Fe 复合氧化物的还原过程中，CO 在出现最高峰前的“台阶”或停顿过程可以归结于氧化铈内部晶格氧的活化过程；最后经过金属 Fe 活化的氧化铈展现出高的氧化速率、氧释放量与 CO 选择性直至反应结束。在 Ce-Fe 复合氧化物选择性氧化甲烷制取合成气工艺中，材料的活化过程能够极大的提高材料晶格氧的利用效率。同时从图 4.4 中可以看出 CO 含量对应曲线上的“台阶”持续时间随着 Fe 的量的增加而缩短至很小的停顿，按照这种趋势可以假设氧化铈表面需要沉积一定量的具有活化作用的金属铁才能起到较为明显的活化其晶格氧的作用。当 Ce-Fe 复合氧化物表面的 Fe 氧化物含量($x<0.3$)较低时，在活化之前需要甲烷还原较长时间以保证 Fe 氧化物完全还原至金属 Fe，从而达到氧化铈的临界活化金属 Fe 含量，当氧化铈表面沉积到足够的活化金属 Fe，其晶格氧就会以较快的速度释放出来。当 Ce-Fe 复合氧化物表面的 Fe 氧化物含量($x\geqslant 0.3$)较低时，相对于 Fe 含量低的时候，只需要还原较短的时间就能完成活化作用，此时在 CO 曲线上显示出的“台阶”就小甚至不明显。

与纯 CeO_2 或 Fe_2O_3 相比较，Ce-Fe 复合氧化物的还原能力与选择性氧化能力都得到极大的改善，这种不同于纯 CeO_2 或 Fe_2O_3 的累加贡献作用的效应，我们将其归功于 Ce-Fe 复合氧化物中的 Ce 与 Fe 物种的协同作用。

4.5　甲烷选择性氧化机理

4.5.1　Ce-Fe 复合氧化物甲烷还原过程中的活化作用

一些研究者对 Ce-Fe 复合氧化物材料的研究表明，复合材料中的 Ce 与 Fe 物种针对 CO 的选择性氧化、N_2O 的分解、碳烟催化燃烧以及甲烷催化燃烧反应中都存在一定的协同作用[120～125]。在这些反应中，材料的氧化还原性能对于其催化性能起着决定性的作用，其性能的提高可能都源自于材料氧化还原性能的改善，特别是还原能力与氧释放能力的提高。本研究中，通过原位甲烷恒温还原充分证实了 Ce 与 Fe 物种的协同作用在改善其还原能力与氧释放能力上的优势，并描述了其细节过程与微观现象。这些协调作用的内部原因应该归结于材料的活化作用。下面结合 $Ce_{0.8}Fe_{0.2}O_{2-\delta}$ 复合氧化物原位甲烷恒温还原曲线图对 Ce 与 Fe 物种在甲烷还原过程活化作用进行了探讨。

图 4.6 为 $Ce_{0.8}Fe_{0.2}O_{2-\delta}$ 氧载体选择性氧化甲烷过程中的氧释放步骤：第一步，表面晶格氧(表面 $Fe_2O_3 \rightarrow Fe_3O_4$ 与 CeO_2 表面晶格氧，$O_{Sur.}$)的快速释

放，高活性表面晶格氧将甲烷完全氧化；第二步，较高活性晶格氧（Fe_3O_4→Fe与CeO_2表面晶格氧，$O_{Latt.}$）的还原，这部分的晶格氧对甲烷氧化过程伴随着完全氧化与选择性氧化两种情况，还原得到的金属 Fe 均匀地分散在CeO_2表面并对CeO_2的晶格氧起到强烈的活化作用；第三步，经 Fe 活化的CeO_2快速地释放其内部晶格氧（$O^*_{Latt.}$）用于选择性氧化甲烷制取合成气（H_2与 CO）。

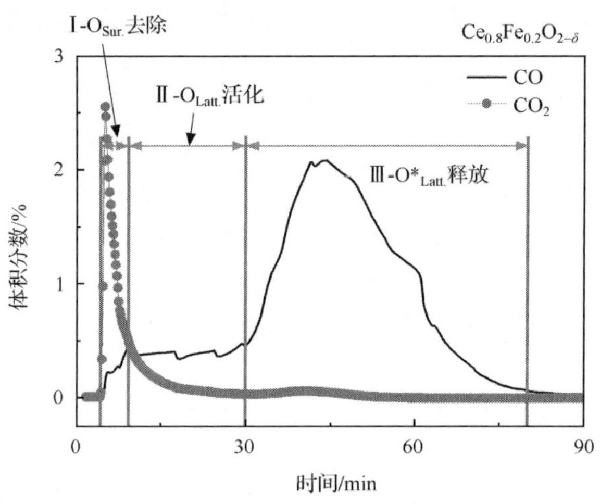

图 4.6　$Ce_{0.8}Fe_{0.2}O_{2-\delta}$氧载体选择性氧化甲烷过程中的氧释放步骤

文献报道[101]表明表面Fe_2O_3是极易被还原的氧物种，具有很高的氧化活性，在恒温还原过程中Fe^{3+}的还原虽然是按照传统两步骤（Fe_2O_3→Fe_3O_4与Fe_3O_4→Fe）进行的，但是由于较快的反应速度一般是直接还原至金属 Fe。如图 4.7 为$Ce_{0.8}Fe_{0.2}O_{2-\delta}$氧载体在 850℃下甲烷还原 30min 后的物相 XRD 分析图，图中显示物相中有较为微弱 Fe 的衍射峰与强度较低的$CeFeO_3$衍射峰，这些物相的出现都是源于金属 Fe 的生成。据此，作者也可以推测上述活化作用是由高度分散在CeO_2表面的金属 Fe 完成。为进一步证实金属 Fe 对CeO_2的晶格氧的活化过程，本章还以 Fe/CeO_2（金属 Fe 高度分散的CeO_2）与CeO_2为氧载体进行了原位的甲烷还原评价的对比实验。如图 4.8 所示，Fe/CeO_2对应的 CO 浓度与对应的纯CeO_2浓度有明显的增高，对应的峰面积也有所增大，CO_2的浓度与峰面积相对缩小。由于金属 Fe 本身并不能够提供晶格氧来对甲烷进行氧化，唯一的理由就是金属 Fe 促进了CeO_2晶格氧的释放，对材料起到了活化作用，从而提高了甲烷的氧化速率。此外还可以注意到金属 Fe 的添加对CO_2的释放起到了抑制作用，同时还增强的 CO 的释放过程。

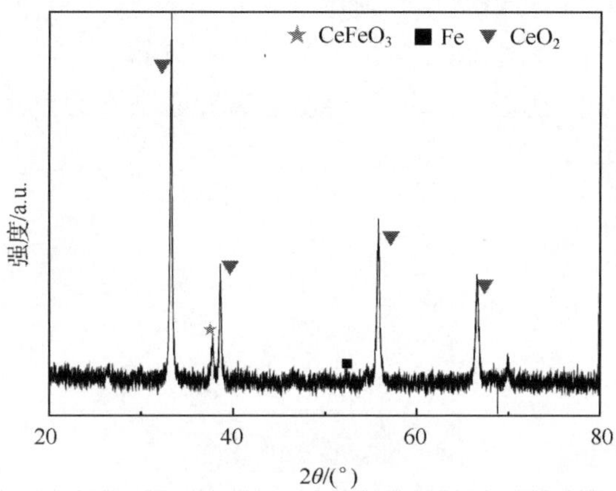

图 4.7　$Ce_{0.8}Fe_{0.2}O_{2-\delta}$氧载体 850℃原位甲烷还原反应 30min 后的 XRD 图

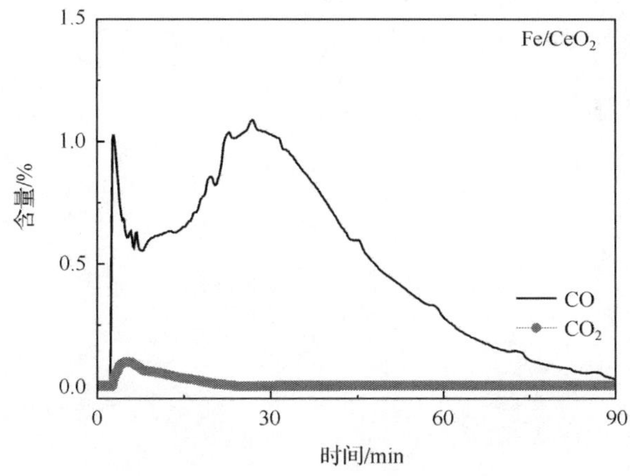

图 4.8　Fe/CeO_2(n(Ce)∶n(Fe)=4∶1)材料 850℃原位甲烷还原反应

4.5.2　Ce-Fe 复合氧化物选择性氧化机理

图 4.9 为 Otsuka 等[25,26]报道的 CH_4 与 CeO_2 之间的气-固反应机理示意图。传统的观点认为 CH_4 在固体氧化剂表面的氧化过程为：首先是 CH_4 吸附在氧化剂表面；然后吸附在表面上的 CH_4 通过 C═O 键与氧原子形成为中间产物 CH_3OH(或 CH_3O)与 HCHO；最后这些中间产物分解为 CO 与 H_2。然而在程序升温解吸附评价(temperature programmed desorption)中通过傅里叶变换红外光谱法(FT-IR)检测该解吸附过程的产物，发现含碳气体(CO 与

CO_2)与氢原子(H 与 H_2)是该气-固反应的中间产物。因此他们给出了以下如 4.9 所示的反应机理图,CH_4通过断裂其 C—H 键在 CeO_2表面形成具有活性的 C^* 与 H^*,最后通过与氧原子的组合以及氢原子的重组来产生合成气。其反应式可以表示为

$$CH_4 \longrightarrow C^* + 4H^* \tag{4.1}$$

$$4H^* \longrightarrow 2H_2 \tag{4.2}$$

$$CeO_2 + C^* \longrightarrow CeO_{2-\delta} + CO \tag{4.3}$$

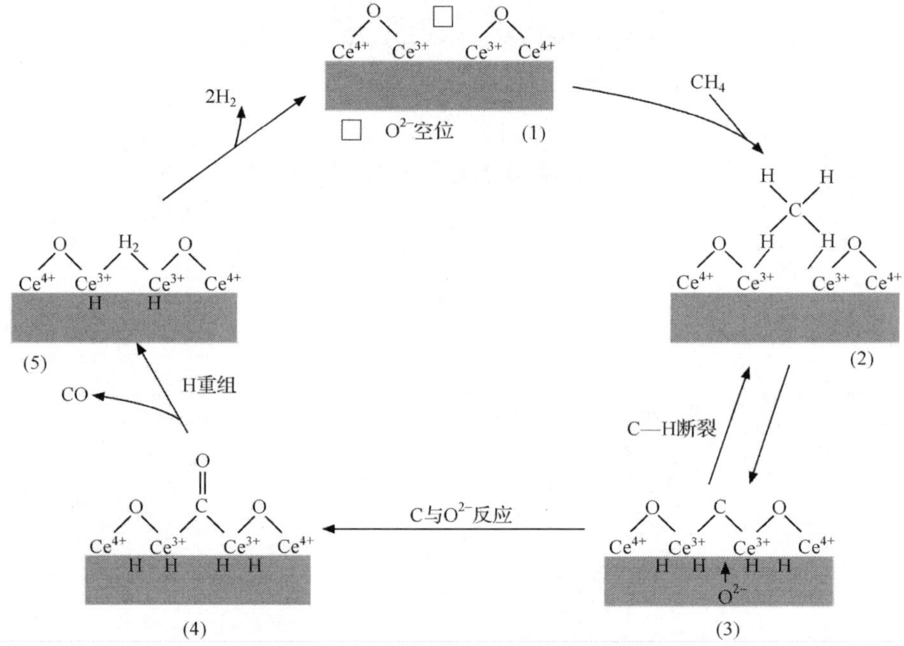

图 4.9 CH_4与 CeO_2之间的气-固反应机理示意图

以上为 CeO_2与 CH_4在较高温度下(≥800℃)的反应机制,众多研究与原位程序升温反应都显示在较低温度下(≤750℃)主要显示出完全氧化作用[71]。即 CH_4裂解的活性积碳 C^* 被氧化为 CO_2。

$$CeO_2 + C^* \longrightarrow CeO_{2-\delta} + CO_2 \tag{4.4}$$

因此,结合本方向前期的研究与 CeO_2 与 CH_4 反应机理,我们按照 $Ce_{1-x}Fe_xO_{2-\delta}$与 CH_4氧化过程其产物特性的不同将该过程分成三个阶段(Ⅰ-$O_{Sur.}$去除,Ⅱ-$O_{Latt.}$活化,Ⅲ-$O^*_{Latt.}$释放)。

图 4.10 为甲烷与 $Ce_{1-x}Fe_xO_{2-\delta}$氧载体之间的气-固反应过程示意图。该过程涉及的反应式如下:

Ⅰ-$O_{Sur.}$ 去除步骤

$$12Fe_2O_3 + CH_4 \longrightarrow 8Fe_3O_4 + CO_2 + 2H_2O \tag{4.5}$$

$$CeO_2 + \delta/4CH_4 \longrightarrow CeO_{2-\delta} + \delta/4(CO_2 + 2H_2O) \tag{4.6}$$

Ⅱ-$O_{Latt.}$ 活化步骤

$$Fe_3O_4 + CH_4 \longrightarrow Fe + CO_2 + 2H_2O \tag{4.7}$$

$$Fe_3O_4 + CH_4 \longrightarrow Fe + 4CO + 8H_2 \tag{4.8}$$

$$CeO_{2-\delta} + x/4CH_4 \longrightarrow CeO_{2-\delta-x} + x/4(CO_2 + 2H_2O) \tag{4.9}$$

$$CeO_{2-\delta} + xCH_4 \longrightarrow CeO_{2-\delta-x} + x(CO + 2H_2) \tag{4.10}$$

Ⅲ-$O^*_{Latt.}$ 释放步骤

$$CeO_{2-\delta} + yCH_4 \longrightarrow CeO_{2-\delta-y} + y(CO + 2H_2) \tag{4.11}$$

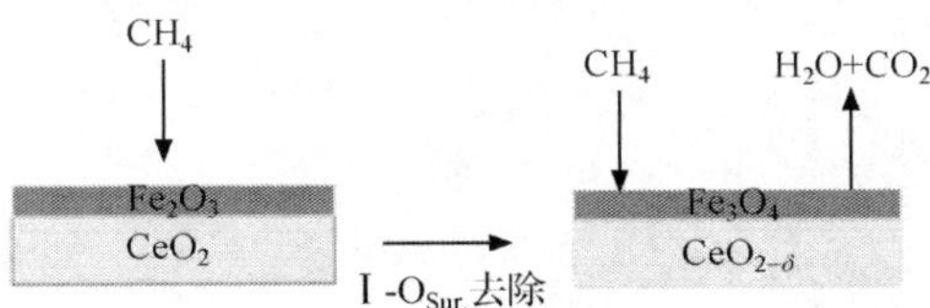

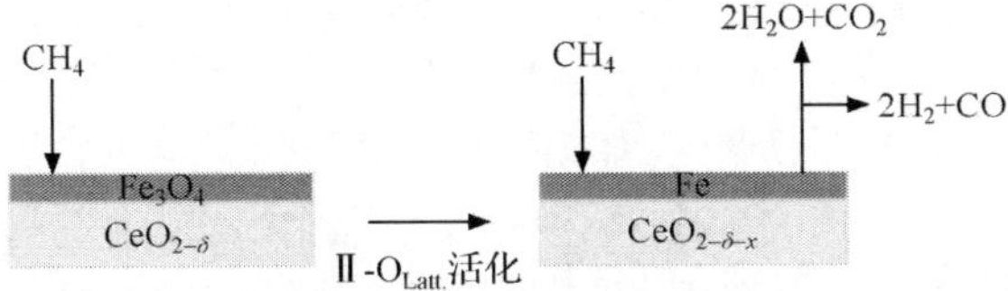

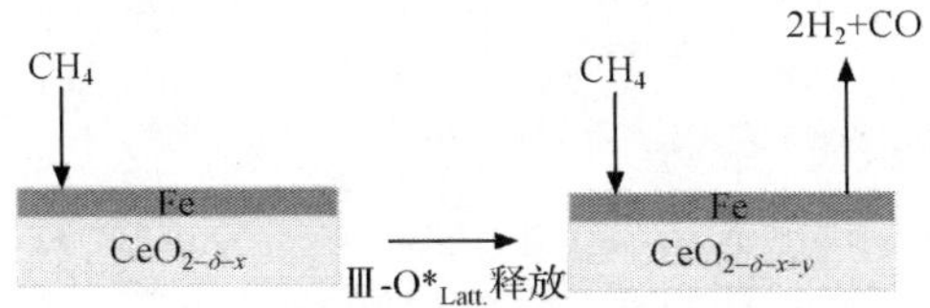

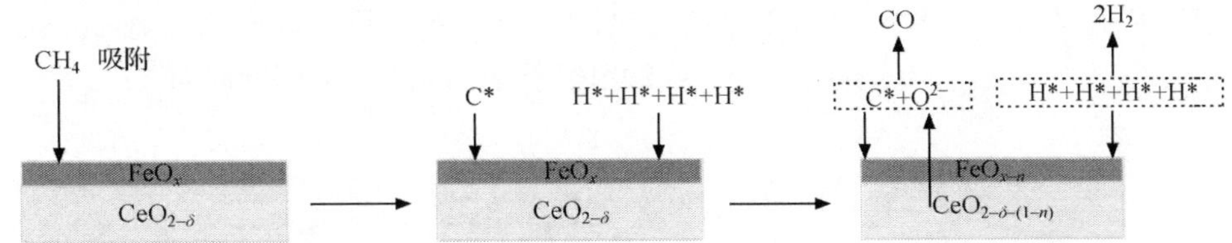

图 4.10　甲烷与 $Ce_{1-x}Fe_xO_{2-\delta}$ 氧载体之间的气-固反应过程示意图

其中这些反应过程中伴随着微观上的行为即 CH_4 的 C—H 断裂、C^* 与 H^* 的形成、H^* 的重组与 C^* 的氧化(图 4.10)。Ⅰ-$O_{Sur.}$ 去除步骤主要表现出 CH_4 的完全氧化作用。其中在Ⅱ-$O_{Latt.}$ 活化步骤中,随着表面氧的消耗,材料对 CO 与 H_2 的选择性升高,主要表现出选择性氧化性能。在Ⅲ-$O^*_{Latt.}$ 释放步骤中,经过活化后的材料几乎完全选择氧化 CH_4 为合成气。当然另一个不可忽略的问题是当材料的氧化速率与甲烷的裂解速率不相协调时,活性 C^* 物种将沉积下来成为积碳。

4.6 小　　结

(1) 研究发现甲烷与氧载体之间的氧化过程中产物具有一定的协同作用,这种协同作用允许通过原位甲烷还原反应(CO 与 CO_2 的即时响应系统)对 $Ce_{1-x}Fe_xO_{2-\delta}$ 氧载体的氧化过程进行研究。

(2) in situ CH_4-TPR 能够很好地描述 $Ce_{1-x}Fe_xO_{2-\delta}$ 材料氧化特性与温度效应,准确地反映材料在不同温度下不同的氧化产物。随着温度的升高,材料的选择性能力增强,对应选择性显著升高。CH_4 与 Ce-Fe-O 复合材料反应的起始温度在 450℃左右,而纯 Fe_2O_3 的 CH_4 起始温度低于 400℃。在该气-固反应中,除纯 Fe_2O_3 全部温度区域内主要表现为完全氧化特性外,其他铈基氧化物,低温下主要表现为完全氧化作用,高温下表现为选择性氧化作用,温度在 800～900℃即可获得理想的转化率与选择性。随着铁的添加量增加,材料的选择性有所提高,但是 Fe 的添加量超过 0.5 后就会削弱选择性。

(3) 在 in situ CH_4-IR 中,纯 Fe_2O_3 全部温度区域内主要表现为完全氧化特性,铈基氧化物的甲烷氧化过程中,首先是表面氧以较快的速度完全氧化甲烷,随着表面氧的消失,晶格氧主要表现为选择性氧化特性。相对于纯 CeO_2 或 Fe_2O_3 而言,Ce-Fe 复合氧化物显示出更好的还原能力,其 CO 的释放过程得到显著的增强。随着铁的添加量的增加,材料的氧释放能力逐渐增强。

(4) Ce-Fe 复合氧化物中,Ce 与 Fe 物种的协同作用有利于材料的选择性氧化能力的提高。在 Ce-Fe 复合氧化物的甲烷还原过程中,Fe 对氧化铈晶格氧的活化作用效果十分明显,活化后材料晶格氧释放能力显著增强。

第 5 章　Ce-Fe-O 氧载体化学链蒸汽重整性能

5.1　引　　言

在第 3 章里，甲烷活性评价与分解水实验初步证实了 Ce-Fe 复合氧化物具有较高的甲烷氧化活性与选择性，同时其还原态能够分解水制取纯氢气。该过程初步证实了 Ce-Fe 复合金属氧化物用于 CL-SMR 制氢与合成气工艺的可行性。甲烷选择性氧化过程作为 CL-SMR 中的关键反应步骤，本书第 4 章利用原位甲烷还原性能评价对 Ce-Fe 复合材料的选择性氧化反应性能作了进一步研究，对 Ce-Fe-O 材料选择性氧化甲烷与 Ce-Fe 物种之间的协同作用有了进一步的认识与理解。Ce-Fe 物种之间的协同作用与良好的选择性氧化甲烷性能极大地增强了我们对于 Ce-Fe 复合氧化物用于 CL-SMR 工艺的信心。为获得适合于 CL-SMR 工艺的 Ce-Fe 复合金属氧化物材料优化设计理论、CL-SMR 循环性能以及过程控制方法，本章对 Ce-Fe-O 材料进行了详细的表征，对其一次 redox 循环性能与较优材料的 10 次循环性能进行了测试，此外还对该工艺中可能存在的积碳行为进行了研究。

研究小组的前期研究在 $Ce_{1-x}Fe_xO_{2-\delta}$ 中当铁的添加量超过 0.5 的时候，会对甲烷的选择性氧化性能起到消极作用，因此本章节中重点考察（$x=0$，0.1，0.2，0.3，0.4，0.5，0.6，1）的氧载体性能[73]。

5.2　Ce-Fe-O 氧载体的表征

图 5.1(a)为通过化学共沉淀方法制备得到的 $Ce_{1-x}Fe_xO_{2-\delta}$ 氧载体（$x=$0，0.1，0.2，0.3，0.4，0.5，0.6，1）XRD 图谱。纯 CeO_2 的衍射峰对应的是立方晶系结构的萤石型结构，这说明制备得到了物相均匀、结构完整的氧化铈[76]，而纯 Fe_2O_3 衍射峰对应的是 α-Fe_2O_3 赤铁矿结构。$Ce_{0.9}Fe_{0.1}O_{2-\delta}$ 的衍射峰中除对应强烈的 CeO_2 特征衍射峰外还显示出十分微弱峰 α-Fe_2O_3 特征衍射峰。对于 $Ce_{1-x}Fe_xO_{2-\delta}$（$x=0.1$，0.2，0.3，0.4，0.5，0.6），α-Fe_2O_3 特征衍射峰随着铁含量的增加而增强，与之相对应的是 CeO_2 特征衍射峰随之而减弱。

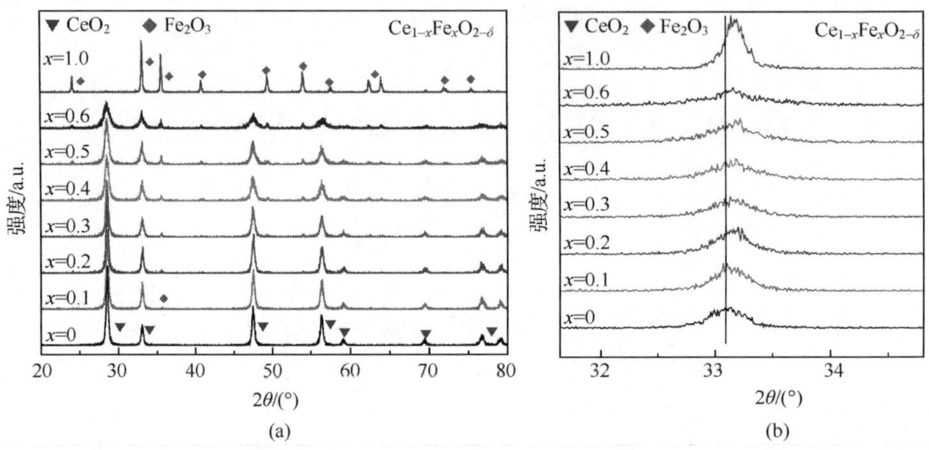

图 5.1 $Ce_{1-x}Fe_xO_{2-\delta}$氧载体(x=0,0.1,0.2,0.3,0.4,0.5,0.6,1)的 XRD 图谱

表 5.1 显示 CeO_2的晶格常数随着 Fe 的添加量而下降。图 5.1(b)显示随着 Fe 的添加量的增加,衍射峰向高角度发生了偏移,这与表 5.1 所显示的晶体收缩现象一致。出现这种现象的原因是少量的 Fe^{3+} 进入 CeO_2 的晶格中,原本 Ce^{4+} 应该分布的位置上形成了 Ce-Fe-O 固溶体,另外由于 Fe^{3+} 较 Ce^{4+} 要小(Fe^{3+} 为 0.064nm,Ce^{4+} 为 0.101nm),一种较小的离子进入本应是较大的离子所在位置势必会造成晶格的收缩[126]。

表 5.1 $Ce_{1-x}Fe_xO_{2-\delta}$氧载体(x=0,0.1,0.2,0.3,0.4,0.5,0.6,1)微结构数据

氧载体	晶粒尺寸/nm		晶格常数/nm	BET/(m^2/g)
	CeO_2	Fe_2O_3	CeO_2	
CeO_2	28.2	—	0.541 07	26.6
$Ce_{0.9}Fe_{0.1}O_{2-\delta}$	25.8	—	0.540 78	22.4
$Ce_{0.8}Fe_{0.2}O_{2-\delta}$	24.2	26.8	0.540 54	20.7
$Ce_{0.7}Fe_{0.3}O_{2-\delta}$	20.0	27.4	0.540 39	19.5
$Ce_{0.6}Fe_{0.4}O_{2-\delta}$	15.1	28.7	0.540 88	16.3
$Ce_{0.5}Fe_{0.5}O_{2-\delta}$	14.8	32.0	0.540 64	14.7
$Ce_{0.4}Fe_{0.6}O_{2-\delta}$	12.5	44.5	0.540 55	13.3
Fe_2O_3	—	62.0	—	6.5

此前,一些研究者报道了存在于通过不同方法制备得到的 Ce-Fe 复合氧化物中的 Ce-Fe-O 固溶体[120]。这些研究表明 Fe 在固溶体中的溶解度与

Ce-Fe-O固溶体的形成主要取决于复合氧化物的材料制备方法。Zhang 等报道在传统的陶瓷制备方法得到的 Ce-Fe-O 复合材料中，当焙烧温度低于1200℃时，Fe^{3+} 无法进入 CeO_2 晶格中形成固溶体。相反，另外一些研究者的研究表明通过化学溶液合成法、微乳法、模板法、共沉淀法与水热法制备得到的 Ce-Fe 复合氧化物中，能够形成 Ce-Fe-O 固溶体且 Fe 的溶解度高达 10%以上[76]。这些研究结果存在的差异主要应该归结于在化学溶液中离子具有高度的均一性，在随后的工序中能够形成均匀的金属氧化物结构，最终使得 Fe^{3+} 能够通过焙烧操作而轻易地进入 CeO_2 晶格进而形成固溶体。然而立方结构的 Ce-Fe-O 固溶体是一种热力学亚稳定结构，当高温或者长时间烧结的情况下都会分解成为纯氧化物而形成一种热力学稳定结构[120]。

表 5.1 显示的是 $Ce_{1-x}Fe_xO_{2-\delta}$ 氧载体（$x=0$，0.1，0.2，0.3，0.4，0.5，0.6，1）比表面积与结构参数。纯 CeO_2 显示出最高的比表面积（26.6m^2/g），并且随着 Fe 的添加量的增加而下降，这种变化意味着颗粒尺寸有所增加。CeO_2 与 Fe_2O_3 的平均晶粒尺寸是通过 Scherrer 方程使用 MDI Jade 5.0 软件计算得到的。CeO_2 的晶粒随着 Fe 的添加量增加而下降，同时 Fe_2O_3 的晶粒因此而增大。这种变化趋势主要是源于 Ce-Fe-O 固溶体的形成与分散度的增强。

在 XRD 分析基础上我们对 $Ce_{1-x}Fe_xO_{2-\delta}$ 氧载体进行了拉曼光谱表征（图 5.2），期望获得进一步的详细材料信息。纯 CeO_2 的拉曼谱图在 465cm^{-1} 位置处显示出十分强度的宽峰对应于面心立方结构的 F_{2g} 特征拉曼峰，这是由金属氧化物中氧离子在金属阳离子周围的对称振动而产生的效果[127]，位于 1180cm^{-1} 处的较弱拉曼峰应该归属于 A_{1g} 的对称振动以及 E_g 和 F_{2g} 振动综合的结果[128]。这与其他研究者以及上述 XRD 所观察到的结果相一致[117]。另外，在纯 CeO_2 的 465cm^{-1} 位置处主拉曼两侧还观察到较弱的肩峰，其中 600cm^{-1} 处对应的较弱肩峰是源于晶体晶格中的氧缺位或晶格缺陷[141]，而另一侧 305cm^{-1} 的较弱肩峰，应归属于萤石型晶格中理想位置处氧原子的迁移。纯 Fe_2O_3 的拉曼图谱在 224cm^{-1}、243cm^{-1}、291cm^{-1}、409cm^{-1}、496cm^{-1}、612cm^{-1} 与 1320cm^{-1} 的位置处分别出现了明显的拉曼峰，其中前 6 个低于 625cm^{-1} 的拉曼峰应归属于对应于赤铁矿结构的 α-Fe_2O_3 其 A_{1g} 的对称振动与 E_g 振动[125]。而 1320cm^{-1} 的位置处出现的拉曼峰应该归属于二次谐振动的结果。465cm^{-1} 位置附近处对应于 CeO_2 结构的特征峰在 Fe 的添加后显著地减弱，并且随着 Fe 添加量的增加而逐渐减弱，这主要是源于立方晶系结构的 CeO_2 晶粒缩小（表 5.1）、Ce 的含量下降与 Fe^{3+} 的激光吸收增强的综合作用所

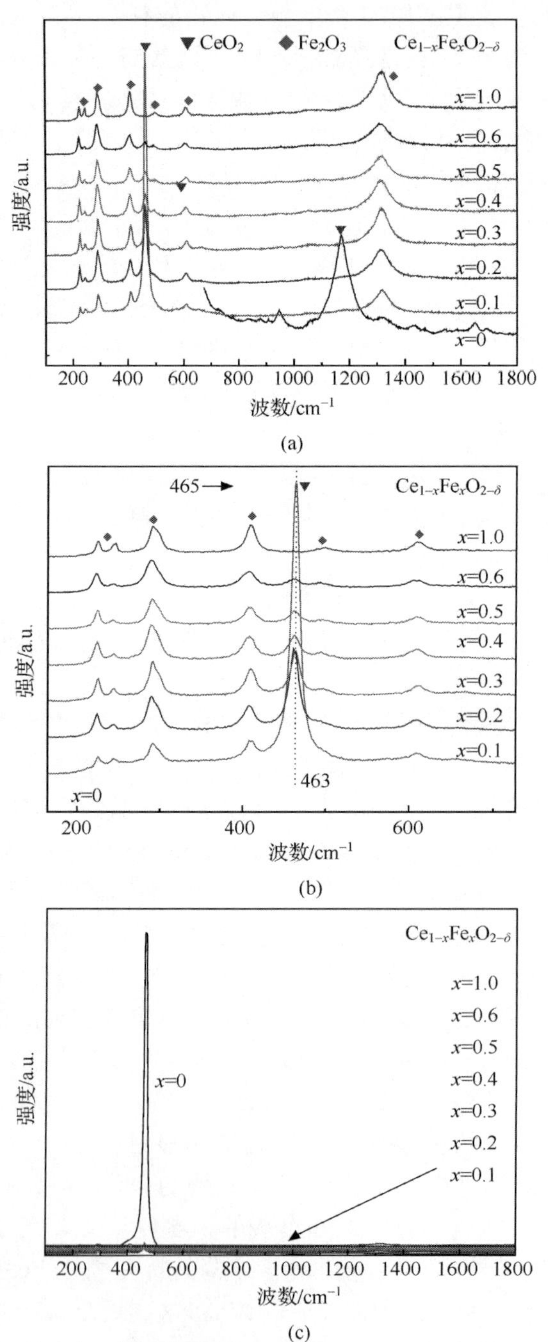

图 5.2　$Ce_{1-x}Fe_xO_{2-\delta}$氧载体(x=0,0.1,0.2,0.3,0.4,0.5,0.6,1)拉曼光谱

导致。从图5.2(b)中还可以观察到所期望出现的由于晶粒缩小而产生的对应于CeO_2结构的特征主峰的红移($465cm^{-1} \longrightarrow 463cm^{-1}$)[120]。此外,$Fe^{3+}$对$CeO_2$结构中的$Ce^{4+}$的替换而进入其晶格中导致的晶格收缩也会在拉曼光谱中产生红移现象[76]。

结合XRD的检测结果,在Ce-Fe复合金属氧化物中,少量的Fe^{3+}进入CeO_2中形成了Ce-Fe-O固溶体,CeO_2晶粒随着Fe的添加量增加而减小。Fe_2O_3结构所对应的特征拉曼在$Ce_{0.9}Fe_{0.1}O_{2-\delta}$中峰陡然增加,并且随着Fe的添加量的增加而愈加明显,这说明Fe_2O_3在Ce-Fe-O固溶体或CeO_2表面具有良好的分散性。

为了研究Ce-Fe-O材料的还原性能,我们对材料进行了H_2-TPR测试。图5.3为$Ce_{1-x}Fe_xO_{2-\delta}$氧载体(x=0,0.1,0.2,0.3,0.4,0.5,0.6,1)H_2-TPR图谱,不同氧化物对应的氢气还原峰如表5.2所示。纯CeO_2在573与900℃左右的氢气还原峰对应的是表面晶格氧与体相晶格氧的还原[98]。纯Fe_2O_3对应的还原过程可以分为两个步骤:第一步$Fe_2O_3 \rightarrow Fe_3O_4$;第二步$Fe_3O_4 \rightarrow Fe^0$。因此纯$Fe_2O_3$在602℃与781℃的氢气还原峰应该对应于上述两个过程的还原。Ce-Fe复合金属氧化物的图谱随温度变化对应于3个氢气还原峰(α,β与γ),这些还原峰归结于Fe的物种与Ce物种的还原叠加综合作用,并且较难分辨各峰所对应的具体还原过程[76]。随着Fe的添加量的增大,α氢气还原峰得到增强并且向较低温度偏移。对比图谱不难发现α氢气还原峰应该归结于Fe^{3+}的第一步还原过程,同时还存在CeO_2表面晶格氧的还原叠加[76]。而随后的两个氢气还原峰β与γ应该归结于由于Fe掺杂而被分成两个步骤的$Fe^{2+} \rightarrow Fe^0$还原过程与CeO_2晶格氧(表面晶格氧与体相晶格氧)的还原叠加综合作用。此外,Ce-Fe复合氧化物的还原过程并不是按照不同比值的纯CeO_2与Fe_2O_3相加,而是相对于纯物质而言还原温度得到明显的降低。该现象归结于Fe物种与CeO_2之间的化学相互作用,可以称为协同作用。这种协同作用不仅存在于Ce-Fe-O固溶体,还存在于Fe_2O_3高分散的CeO_2物种间[123]。Ce-Fe复合氧化物之间的协同作用在Ce-Fe-O材料的还原过程中起到了显著的积极作用,能够有效地增强材料的还原性能[120]。

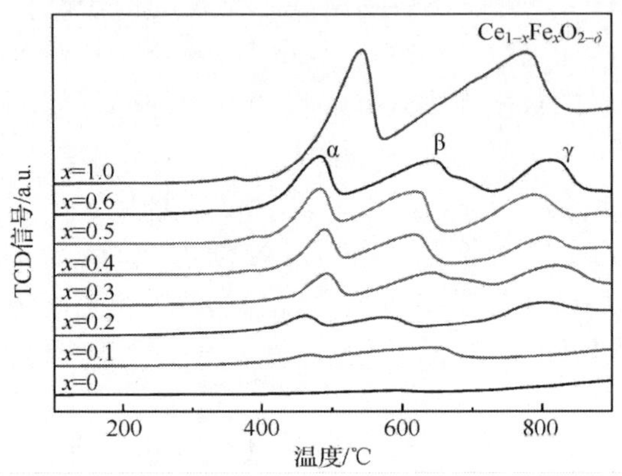

图 5.3 $Ce_{1-x}Fe_xO_{2-\delta}$氧载体

(x=0,0.1,0.2,0.3,0.4,0.5,0.6,1)H_2-TPR 图谱

表 5.2 $Ce_{1-x}Fe_xO_{2-\delta}$氧载体(x=0,0.1,0.2,0.3,0.4,0.5,0.6,1)H_2-TPR 还原峰出峰温度

氧载体	还原峰温度/℃		
	α	β	γ
CeO_2	—	590	900
$Ce_{0.9}Fe_{0.1}O_{2-\delta}$	469	640	>900
$Ce_{0.8}Fe_{0.2}O_{2-\delta}$	463	575	805
$Ce_{0.7}Fe_{0.3}O_{2-\delta}$	493	642	820
$Ce_{0.6}Fe_{0.4}O_{2-\delta}$	490	615	807
$Ce_{0.5}Fe_{0.5}O_{2-\delta}$	484	618	790
$Ce_{0.4}Fe_{0.6}O_{2-\delta}$	483	643	812
Fe_2O_3	543	778	—

H_2-TPR 的研究表明通过 Fe 的添加,材料还原能力与氧释放能力得到改善,为此本书以 $Ce_{0.5}Fe_{0.5}O_{2-\delta}$为例进行了 XPS 分析,对材料表面氧进行更为详细的描述。图 5.4 所示为 CeO_2、$Ce_{0.5}Fe_{0.5}O_{2-\delta}$与 Fe_2O_3样品中的 O1s 能级的 XPS 谱图,其中通过 XPS 分析结果获得的表面氧成分与含量如表 5.3 所示。

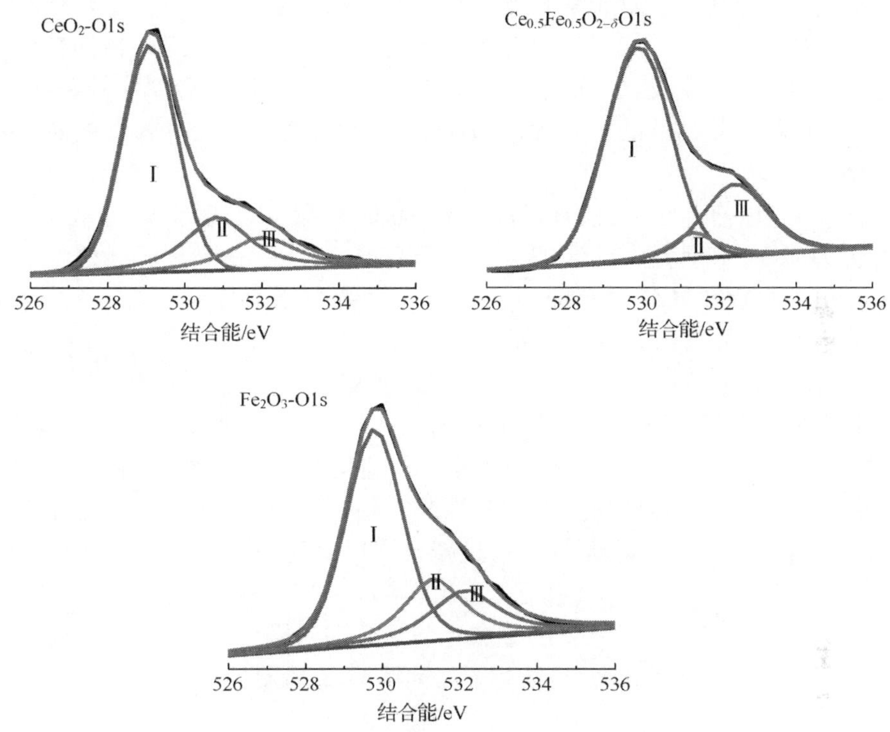

图 5.4 CeO_2、$Ce_{0.5}Fe_{0.5}O_{2-\delta}$与$Fe_2O_3$样品中O1s的XPS谱图

表 5.3 CeO_2、$Ce_{0.5}Fe_{0.5}O_{2-\delta}$与$Fe_2O_3$样品中O1s的XPS结果

氧载体	氧物种含量/%		
	OⅠ	OⅡ	OⅢ
Fe_2O_3	58.0	22.4	19.6
$Ce_{0.5}Fe_{0.5}O_{2-\delta}$	66.8	7.8	25.4
CeO_2	61.1	23.7	15.2

一般认为结合能在529eV附近对应的是晶格氧($O^{=}$,记作OⅠ),531eV附近对应的是氧空位(O^{-},记作OⅡ),532.5eV附近对应的是分子吸附氧种(O_2,记作OⅢ)[116]。通过对XPS获得的O1s能级谱图进行拟合,上述氧载体表面氧对应的为上述三类氧物种,能级位于529.5eV的OⅠ,位于531.5eV的OⅡ与位于533.0eV的OⅢ。对比三幅O1s图可以发现:Ce-Fe复合氧化物的表面单原子氧物种(氧缺位上的氧原子)含量显著地降低,其内部晶格氧

含量得到明显地提高。这也意味着具有更高晶格氧含量的 Ce-Fe 复合氧化物的对应储氧量也较高。通过这一现象就不难解释 Ce-Fe 复合氧化物具有较高的还原能力与氧释放能力。此外,从表 5.3 中还可以看出,CeO_2、$Ce_{0.5}Fe_{0.5}O_{2-\delta}$与 Fe_2O_3都具有较高的晶格氧含量,表明在甲烷的氧化过程中氧化物种主要为晶格氧。

图 5.5 为 CeO_2与 $Ce_{0.5}Fe_{0.5}O_{2-\delta}$样品的 Ce3d XPS 图谱,Ce 的 $3d_{5/2}$特征峰标记为 v,$3d_{3/2}$的特征峰标记为 u。对于 Ce^{4+},$Ce3d_{5/2}$的特征峰标记为 v、v″与 v‴,$3d_{3/2}$的特征峰分别标记为 u、u″与 u‴(结合能由低到高排列)。对于 Ce^{3+},$3d_{5/2}$的特征峰标记为 v′,$Ce3d_{3/2}$的特征峰标记为 u′。当 Ce^{4+}与 Ce^{3+}共存时,会出现 8 个特征峰[130]。图 5.5 是通过 XPSPEAK41 软件对 XPS 数据进行拟合处理获得的谱图。出现的 8 个特征峰峰形较为明显,其中 u′特征峰强度很弱。在两个样品中 v′特征峰都较为明显,这说明材料中都有一定含量的 Ce^{3+}存在。其中材料中的 Ce^{4+}与 Ce^{3+}的比例可以按照 v、v″与 v‴特征峰面积与 v′的面积之比计算得到[76]。通过拟合之后获得峰面积计算得到材料中不同价态的 Ce 含量如表 5.4 所示。CeO_2与 $Ce_{0.5}Fe_{0.5}O_{2-\delta}$样品中 Ce^{3+}的含量分别为 20%与 18.2%,Ce^{3+}的存在有利于更多晶格氧缺陷的产生,从而提高铈基氧化物的储-放氧能力与铈离子的利用率及还原性能。

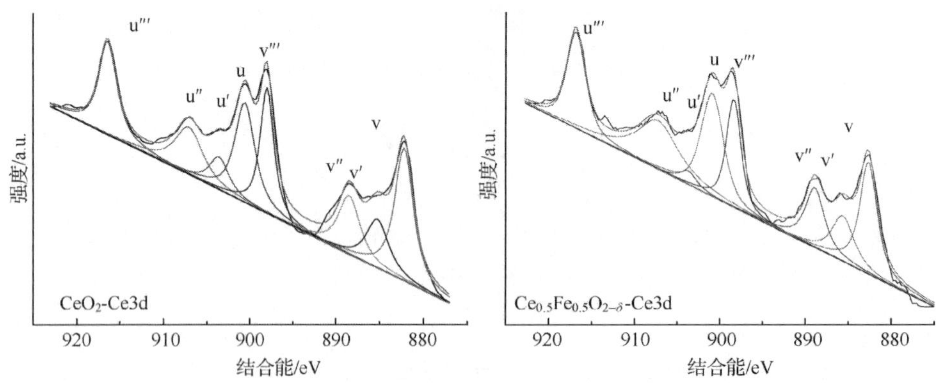

图 5.5 CeO_2与 $Ce_{0.5}Fe_{0.5}O_{2-\delta}$样品中 Ce3d XPS 谱图

表 5.4 CeO_2与 $Ce_{0.5}Fe_{0.5}O_{2-\delta}$样品中 Ce3d XPS 结果

氧载体	Ce 物种含量/%	
	Ce^{4+}	Ce^{3+}
CeO_2	80.0	20.0
$Ce_{0.5}Fe_{0.5}O_{2-\delta}$	81.8	18.2

5.3　单次 redox 循环性能

前期的研究显示 Ce-Fe-O 氧载体的晶格氧在 800～900℃的温度范围内可以选择性氧化甲烷制取合成气，而反应之后获得的还原态氧载体能够在适合的温度下被水蒸气重新氧化至原始状态并且获得纯氢气[64～66]。然而，为了避免上述氧化还原过程中因温度差而带来的能量转换与能量耗散，我们认为氧化还原中等温反应有利于 CL-SMR 工艺的综合能量利用效率[5]。

为探究 $Ce_{1-x}Fe_xO_{2-\delta}$ 氧载体在 CL-SMR 中的氧化还原性能，本节以 $Ce_{1-x}Fe_xO_{2-\delta}$ 氧载体（x=0，0.1，0.2，0.3，0.4，0.5，0.6，1）为氧传递材料，以甲烷与水蒸气为还原剂与氧化剂，以产物合成气与氢气为考察目标对象。在固定床反应器中，850℃下以 10cm^3/min 的流量的纯甲烷还原氧载体 20min，以确保氧载体不会产生过多的积碳，然后保持该温度将气体切换为氮气吹扫还原尾气，待吹扫完成后通入水蒸气（0.18g/min）并保持 30min 以确保还原态氧载体能够完全被水蒸气氧化。如图 5.6 所示为 $Ce_{1-x}Fe_xO_{2-\delta}$ 氧载体 CL-SMR单次 redox 循环性能。

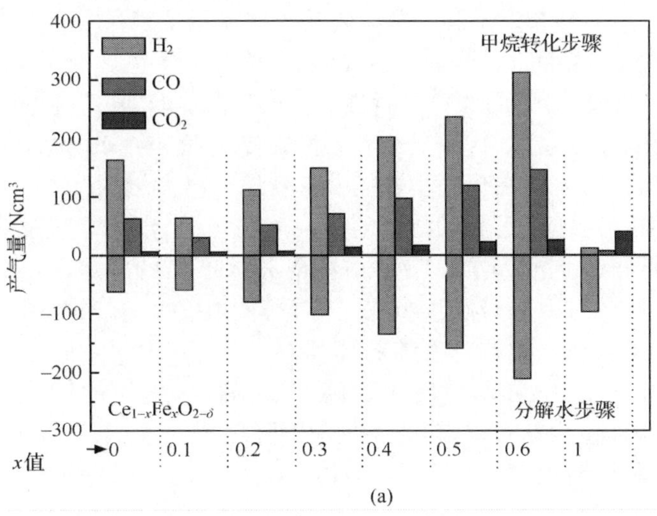

(a)

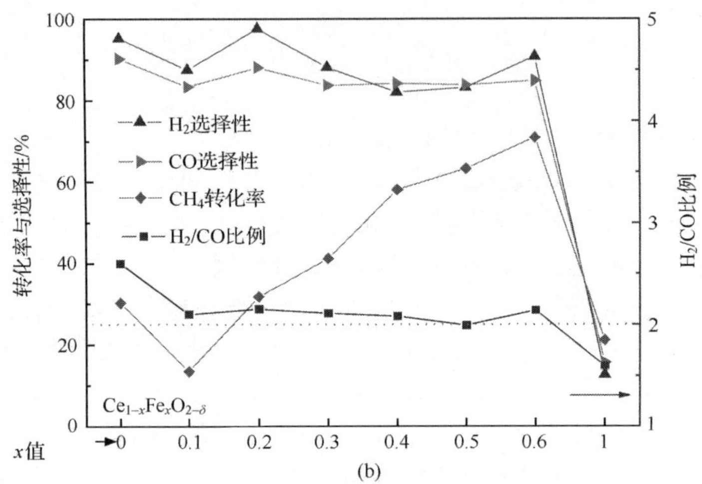

图 5.6　CL-SMR 工艺中 $Ce_{1-x}Fe_xO_{2-\delta}$ 氧载体

(x=0,0.1,0.2,0.3,0.4,0.5,0.6,1)在 850℃下单次循环产气量

(a)与甲烷转化性能;(b)甲烷还原 20min,水蒸气再生 30min;

甲烷转化率、H_2与 CO 选择性、H_2/CO 比值取整个反应的平均值

图 5.6(a)为 Fe 掺杂量不同的氧载体的 1 次循环中产气量与甲烷转化步骤性能。对于纯 CeO_2 而言,甲烷转化步骤制取的合成气包含 163Ncm^{3}的 H_2、63Ncm^{3}的 CO 与 7Ncm^3 的 CO_2,而在对应分解水步骤产生的 H_2 量为 62Ncm^3。纯 Fe_2O_3 更趋向于完全氧化,甲烷转化阶段产出的成分主要为 CO_2,H_2与 CO 含量较低,在分解步骤能够有效地产出大量的 H_2。与纯 CeO_2 相比,Fe 的添加首先是降低了氧载体的合成气与氢气产量,但随着 Ce-Fe 复合氧载体的中的 Fe 的含量增加,其对应的氧载体产出的合成气与氢气量都呈逐渐增长的趋势。此外,分解水步骤产生的氢气中除 CeO_2 循环中含有少量的 CO_2 外,其他循环中产出的都为纯氢气。

对应的图 5.6(b)中可以看出对于纯 CeO_2 而言,甲烷的转化率大约为 30%,当 Fe 的添加量为 0.1 时,转化率反而下降至 10%左右,至 Fe 的添加量升高至 0.2 时,甲烷转化率才有所回升,此后随着 Fe 的添加量的升高,转化率呈逐渐上升趋势。所有的铈基氧载体样品都显示出较高的转化率(>80%),对应的 H_2/CO 比值在理论值 2 附近,特别是 $Ce_{0.5}Fe_{0.5}O_{2-\delta}$ 氧载体产出的合成气对应的 H_2/CO 比值为 1.99,十分接近理论值。纯 Fe_2O_3 的转化率只有约 10%,其对应的 H_2 与 CO 选择性也是处于极低的水平上。

CeO_2 作为优越的储氧材料,其晶格氧具有很高的传输性与反应活性[131]。

纯 CeO_2 氧载体在 CL-SMR 中表现出来的较高合成气产量与选择性，这说明氧化铈其内部晶格氧具有良好的氧化能力与选择性氧化能力，同时氧化铈具有的高比表面积也对其晶格氧的释放起到了积极作用[132]。同时从合成气中的 H_2/CO 比值(>2)比理论值高出许多可知，由于晶格氧快速消耗导致甲烷在其表面开始裂解生成积碳($CH_4 \rightarrow C + H_2$)。虽然 CeO_2 具有良好的选择性氧化活性，但是对应的分解水步骤产气量却较小，这主要是由于水蒸气这种氧化性能相对较弱的氧化剂并不能将还原后得到的 Ce^{3+} 全部氧化为 Ce^{4+}[26]。

由第 3 章原位红外恒温反应可知，在甲烷与氧载体的气-固反应之间可供氧化甲烷的晶格氧含量是按照 $Fe_2O_3 < CeO_2 < Ce_{0.9}Fe_{0.1}O_{2-\delta} < Ce_{0.8}Fe_{0.2}O_{2-\delta} < Ce_{0.7}Fe_{0.3}O_{2-\delta} < Ce_{0.6}Fe_{0.4}O_{2-\delta} < Ce_{0.5}Fe_{0.5}O_{2-\delta} < Ce_{0.4}Fe_{0.6}O_{2-\delta}$ 的顺序进行排列的。按照这种理论基础，在单次循环中产出的合成气与氢气量应该是按照顺序相互对应的。但为了避免积碳的产生，反应时间控制在 20min，对应于原位红外恒温反应过程(图 4.4 与图 4.5)的前期。从图 4.4 与图 4.5 中可以看出对于 $Ce_{0.9}Fe_{0.1}O_{2-\delta}$ 与 $Ce_{0.8}Fe_{0.2}O_{2-\delta}$ 氧载体来说，至少需要 30min 左右的活化时间才能够充分地活化材料的晶格氧释放能力，从而显示出高的 CO 释放速率与甲烷转化率，$Ce_{0.7}Fe_{0.3}O_{2-\delta}$ 氧载体也需要约 15min 的活化时间，在材料活化之前其甲烷转化率与氧化速度都是低于纯 CeO_2 的。而对于 $Ce_{0.6}Fe_{0.4}O_{2-\delta}$、$Ce_{0.5}Fe_{0.5}O_{2-\delta}$ 与 $Ce_{0.4}Fe_{0.6}O_{2-\delta}$ 氧载体而言，只需要较短时间就能够完成材料的活化获得高的晶格氧释放速度。因此也就不难理解为何在单次 redox 循环中合成气产气量是按照 $Ce_{0.9}Fe_{0.1}O_{2-\delta} < Ce_{0.8}Fe_{0.2}O_{2-\delta} < Ce_{0.7}Fe_{0.3}O_{2-\delta} \approx CeO_2 < Ce_{0.6}Fe_{0.4}O_{2-\delta} < Ce_{0.5}Fe_{0.5}O_{2-\delta} < Ce_{0.4}Fe_{0.6}O_{2-\delta}$ 的顺序排列的。经过较长的活化还原之后，材料晶格氧更趋向于深度还原，在甲烷深度还原的情况极易导致积碳形成，此外在反应效率的要求下，选择能够在较短的时间就可以得到活化且能较快释放其晶格氧的氧载体，是有利于提高反应效率与抑制积碳的最佳选择。

由于 Fe 具有优越的氧化还原性能与变价能力，含 Fe 物种作为良好的分解水制氢材料，一直都是近年热化学分解水制氢与循环水汽转换(cyclic water gas shift，CWGS)方面的研究热点[6,133]。通过对比图 5.6(a)中纯 CeO_2 与 Ce-Fe 复合氧载体产气情况就会发现添加 Fe 之后，单位合成气产量所对应产生的氢气量显著地增大，这说明 Fe 的添加不仅充分发挥了还原态 Fe 物种自身的高分解水活性，材料的整体分解水制氢活性也得到提升。Ce-Fe 物种间协同作用不仅存在于 Ce-Fe 复合氧化物的还原过程，同时还可能存在于还原态 Ce-Fe 复合材料的氧化过程中。Ce-Fe 物种之间的相互作用极大地提高了复合氧载体的氧化还原性能。

综上所述，基于 Ce-Fe 物种协同作用，$Ce_{1-x}Fe_xO_{2-\delta}$（x＝0.1，0.2，0.3，0.4，0.5，0.6）氧载体都显示出较好的 CL-SMR 制氢与合成气性能。CeO_2具有较高的选择性氧化能力，Fe_2O_3具有很好的完全氧化性能，适合于化学链燃烧氧载体。Fe 的添加能够同时增加甲烷转化与分解水反应活性，从而提高 CL-SMR 整体性能，基于分解水产氢活性的考量，$Ce_{0.5}Fe_{0.5}O_{2-\delta}$样品被认为具有较好的综合性能。鉴于 Fe 氧化物的资源丰富且相对廉价，在保证 CL-SMR性能的前提下选择含 Fe 量较高的氧载体有利于降低材料制备成本，提升工艺技术竞争力。因此 $Ce_{0.5}Fe_{0.5}O_{2-\delta}$样品是一种良好的化学链蒸汽重整制氢与合成气氧载体。

5.4 化学链蒸汽重整循环性能

前一节中实验表明以 Ce-Fe 复合氧化物实现 CL-SMR 技术是初步可行的，为探究 Ce-Fe 材料在 CL-SMR 的 redox 循环中循环使用性能，此处以具有较优性能的 $Ce_{0.5}Fe_{0.5}O_{2-\delta}$氧载体为对象，在交替的还原/吸热反应与氧化/放热反应中考察了其 10 次循环中目标产物（氢气与合成气）的情况。

图 5.7(a)为 CL-SMR 工艺中 $Ce_{0.5}Fe_{0.5}O_{2-\delta}$氧载体在 850℃下 10 次循环产气量。第 1 次循环中，甲烷转化步骤产出的合成气中包含 237Ncm^{3}的 H_2、82Ncm^{3}的 CO 与 23Ncm^{3}的 CO_2，对应分解水步骤产生的 159Ncm^{3}的 H_2。在第 2 次循环中，合成气产量及对应的氢气产量都稍有增加，在后续的循环过程各气体产生含量基本上回落到原有水平并保持相对稳定状态。从 10 次循环中的合成气与氢气产量来看，氧载体并没有观察到失活现象。图 5.7(b)显示的为 CL-SMR 工艺中 $Ce_{0.5}Fe_{0.5}O_{2-\delta}$氧载体 850℃下 10 次循环中的甲烷转化性能。甲烷的转化率经过循环之后有所下降，从循环前的 63％经过 4 次循环之后降至为 55％，并基本保持稳定，与此相对应的 CO 和 H_2的选择性从开始的 83％升高至 88％左右。合成气中 H_2/CO 比值在 1.97～2.03 范围波动，十分接近理论值 2。

文献中报道在氧载体与甲烷的气-固反应中，首先是高活性表面氧的还原而表现为较低的 H_2与 CO 选择性，随着高活性表面氧的消耗，内部晶格氧主要表现为高的选择性[109～117]。在该 redox 循环中，还原态 Fe 物种并不能通过水蒸气为氧源完全恢复至初始状态（Fe_2O_3），CeO_2的一些高活性表面晶格氧在此过程中也不能得到完全再生，而且 Ce-Fe 物种表面的一些吸附分子氧还

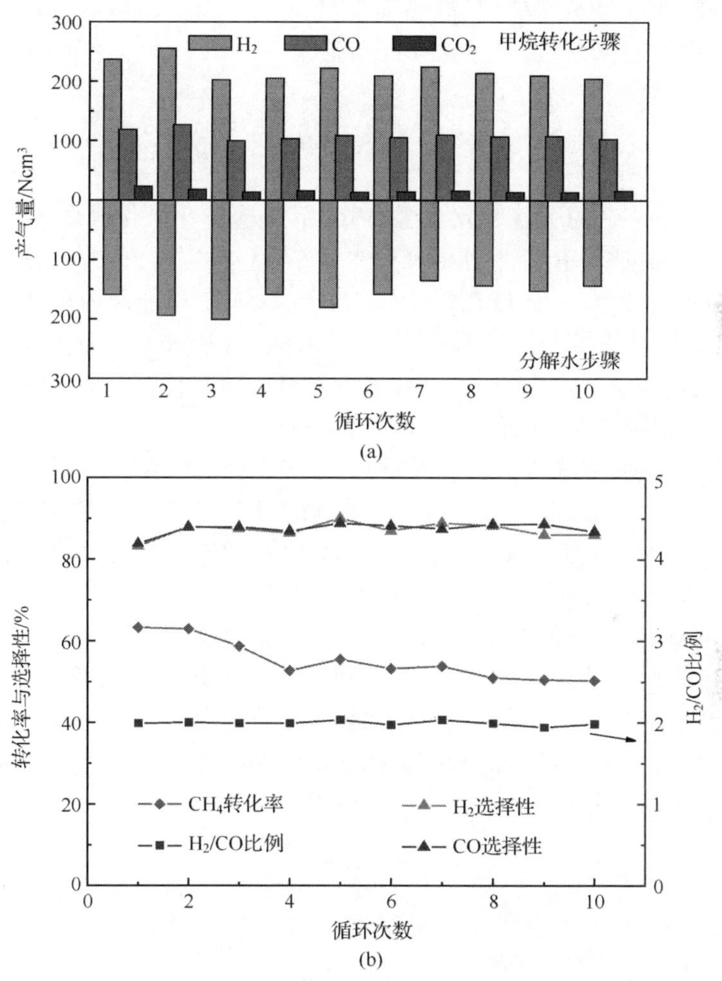

图 5.7　CL-SMR 工艺中 $Ce_{0.5}Fe_{0.5}O_{2-\delta}$氧载体在 850℃下 10 次循环产气量与甲烷转化性能

会被 redox 循环中的还原性气氛(甲烷转化步骤的 H_2、CH_4 与 CO,分解水步骤的 H_2)消除。因此由于水蒸气的弱氧化性,经过 redox 循环之后,Ce-Fe 材料表面的高活性氧得到消除,而剩下的晶格氧能够选择性氧化甲烷制取合成气。甲烷转化率的下降与 CO 和 H_2 选择性的升高都是因为材料表面氧的减少所导致的。在分解水步骤中,产生的氢气量没有明显的下降趋势。此外,由于甲烷还原时间的合理控制与氧载体良好的氧化还原能力,在氢气中未检测到含碳气体。$Ce_{0.5}Fe_{0.5}O_{2-\delta}$氧载体在循环反应中显示出较高的活性与稳定性，能够连续地制取纯氢气与高品质合成气。

5.5　CL-SMR 中的积碳行为

由 CL-SMR 中的甲烷转化步骤可知，甲烷选择性氧化机理为：首先甲烷在材料表面裂解成具有活性的 C^* 与 H^*，然后 C^* 被晶格氧氧化成 CO，同时 H^* 成对组合生成 H_2。在该过程中，一旦产生的 C^* 不能及时的氧化为 CO，C^* 就会在材料表面沉积最后形成积碳。而形成的积碳会在分解水步骤中随着碳的气化反应进入产生的氢气中，从而对氢气的品质产生严重的影响。因此研究 CL-SMR 中的积碳行为是十分必要的。

煤气化是一种煤炭高效利用技术，其中以整体煤气化联合循环(integrated gasification combined cycle，IGCC)最具代表性[134]。煤气化中涉及的主要是碳气化反应，在高温下，碳可以被水蒸气气化，产生 CO 与 CO_2。图 5.8 为在 850℃下碳气化反应尾气随时间的变化图，以碳烟模拟反应中的积碳。从图中可以看出，反应开始后 H_2与 CO 的含量急剧上升，分别达到 6%与 7%左右，在第 4min 时其含量达到最大，随后随着反应的进行而逐渐缓慢下降。碳气化过程中产生的 CO_2与 H_2或 CO 比较起来含量低了很多。在反应开始后 5min 内含量约在 1%，随后的时间里几乎下降至接近零。碳气化反应在无需

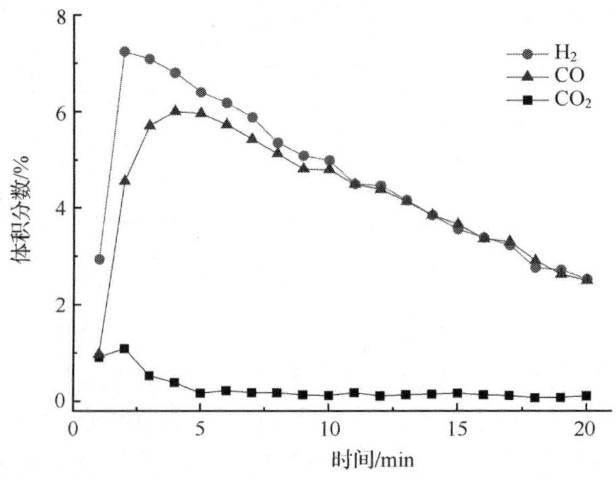

图 5.8　850℃碳气化反应尾气随时间变化图

催化的条件下就能够实现较高的转化率，其中主要产物为CO与H_2[135]。上述碳气化过程中涉及的主要反应有

$$C + H_2O \longrightarrow CO + H_2 \tag{5.1}$$

$$CO + H_2O \longrightarrow CO_2 + H_2 \tag{5.2}$$

$$C + 2H_2O \longrightarrow CO_2 + 2H_2 \tag{5.3}$$

由式(5.1)可知每产生1mol的CO就会与之相对地产生1mol的H_2，而按照式(5.3)，每产生1mol的CO_2就会产生2mol的H_2。从上图可以看出，少量CO_2产生时，对应的H_2量较CO高，当无CO_2产生时，CO与H_2的含量比值接近1。式(5.1)为碳气化过程中的主反应。为探究Ce-Fe物种表面积碳的氧化行为，下文对还原态纯CeO_2、Fe_2O_3与Ce-Fe复合氧化物表面积碳反应进行了研究。

图5.9为$(CeO_2)_{还原}$表面上积碳在水蒸气下氧化尾气图，$(CeO_2)_{还原}$是通过甲烷与CeO_2在850℃下反应60min获得的。从图5.9(a)可以看出在反应开始(1～3min)主要是还原态CeO_2的氧化再生释放出高含量的氢气，同时还伴随着少量的CO与CO_2的生成，待CeO_2再生至氧化态后，主要尾气变为H_2与CO_2。第3min之后主要为CeO_2表面的碳气化过程，其尾气中H_2的含量约为CO_2含量的2倍，这与反应式(5.3)相对应，而CO的含量几乎为零。Inui等[136]报道在金属氧化物的催化作用下可以实现碳的选择性氧化生成CO_2，在一定温度下这种催化过程与气化产物的CO_2与CO的比值主要取决于氧化物物种的自身特性。图5.9(b)为过度还原的CeO_2的分解水反应尾气图，除在第2min出现了低含量的CO之外，整个反应过程无CO生成。伴随着分解水制氢过程少量的积碳被氧化为CO_2与CO。同样待CeO_2恢复至氧化态后，只有极少量的CO_2溢出。

类似的现象在以$(Fe_2O_3)_{还原}$催化积碳与分解反应中被观察到。图5.10为$(Fe_2O_3)_{还原}$碳气化反应尾气图与分解水制氢图。$(Fe_2O_3)_{还原}$分解水制氢过程中在产氢量达到最高后缓慢回落，持续时间相对较长。而且伴随着的碳气化产物只有CO_2。这也说明了氧化态Fe_3O_4对于碳的气化反应也是具有一定的催化作用的，这与其他研究者报道的Fe_2O_3催化碳气化相一致[27,28]。由于过度还原，材料表面的积碳也被催化氧化为CO_2(图5.10)。

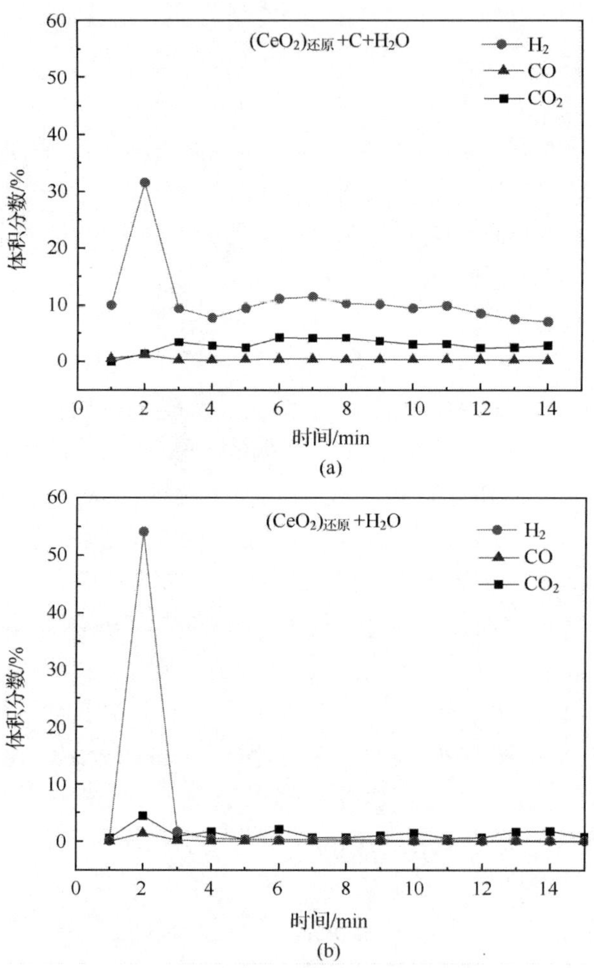

图 5.9 850℃反应尾气随时间变化图

(a) 1.8g $(CeO_2)_{还原}$ +0.3g C 与水蒸气的反应；(b) 1.8g $(CeO_2)_{还原}$ 与水蒸气的反应

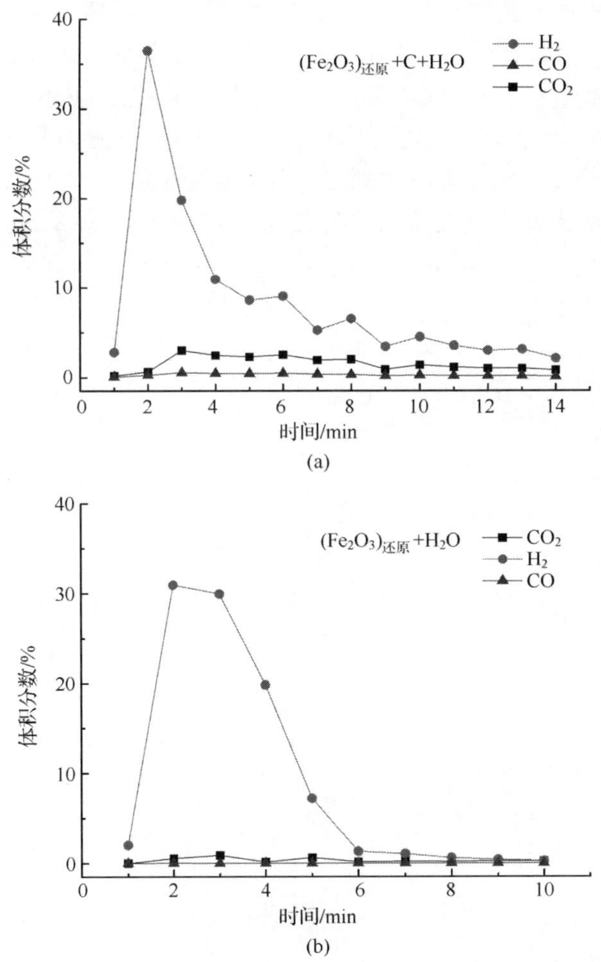

图 5.10　850℃反应尾气随时间变化图

(a) 1.8g $(Fe_2O_3)_{还原}$ +0.3g C 与水蒸气的反应；(b) 1.8g $(Fe_2O_3)_{还原}$ 与水蒸气的反应

图 5.11 为 $(Ce_{0.5}Fe_{0.5}O_{2-\delta})_{还原}$ 表面的碳气化反应尾气图。与单独的 $(CeO_2)_{还原}$ 与 $(Fe_2O_3)_{还原}$ 不同的是，$(Ce_{0.5}Fe_{0.5}O_{2-\delta})_{还原}$ 分解水产氢过程中伴随着较为强烈的 CO 释放。在第 2～5min 内，CO 含量急剧上升至约 35%后急剧下降至接近零。结合图 5.9 与图 5.10，在分解水产氢期间出现的 CO 峰，可以推断还原态的 CeO_2 或 Fe_2O_3 都是不具有式(5.3)反应的催化性能的。从图 5.12(a)中可以看出碳在温度高于 630℃时才具备热力学上气化成 CO_2 的可能性，至 680℃时才具备气化为 CO 的热力学可能性。在温度低于 680℃

时，碳气化过程中更趋向于转化为 CO_2，当高于此温度之后趋向于转化为 CO，随着温度的升高，气化转化为 CO 的趋势更为明显。因此，在图 5.11(b)中，当分解水制氢反应或氧载体再生过程还未完成之前，在还原态的氧载体并不具备催化转化碳为 CO_2 的能力之前，碳更趋向于转化为 CO 而不是 CO_2。除此之外出现的 CO 峰可能还受到温度的影响，还原态氧化物的氧化过程中会释放出热量从而提高反应床层的温度进一步加剧了 CO 的产生。

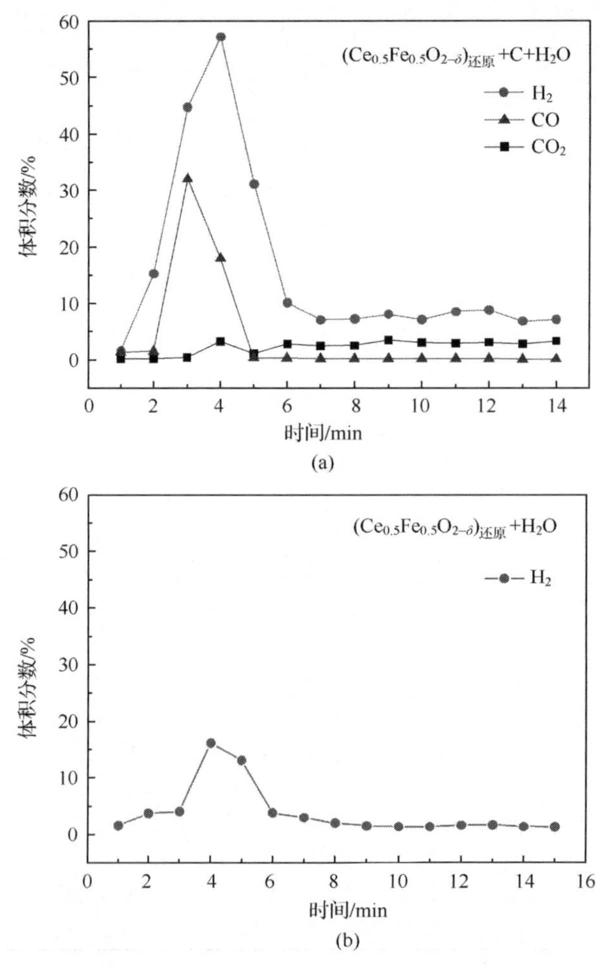

图 5.11　850℃反应尾气随时间变化图

(a) 1.8g $(Ce_{0.5}Fe_{0.5}O_{2-\delta})_{还原}$ +0.3g C 与水蒸气的反应；(b) 1.8g $(Ce_{0.5}Fe_{0.5}O_{2-\delta})_{还原}$与水蒸气的反应

如图 5.12 所示为碳气化反应与积碳和氧化物的固-固反应的吉布斯自由

能随温度变化图，涉及的固-固反应有

$$2Fe_2O_3 + 3C \longrightarrow 4Fe + 3CO_2 \tag{5.4}$$

$$Fe_2O_3 + 3C \longrightarrow 2Fe + 3CO \tag{5.5}$$

$$CeO_2 + 0.085C \longrightarrow CeO_{1.83} + 0.085CO_2 \tag{5.6}$$

$$CeO_2 + 0.17C \longrightarrow CeO_{1.83} + 0.17CO \tag{5.7}$$

相对应碳与水的反应，碳与 Fe_2O_3 的反应温度稍有提前，在 590℃即可转化为 CO_2。反应式(5.5)的热力学可行温度为 659℃。对于碳与 CeO_2 之间的反应，式(5.6)与式(5.7)热力学起始温度分别为 730℃与 750℃。

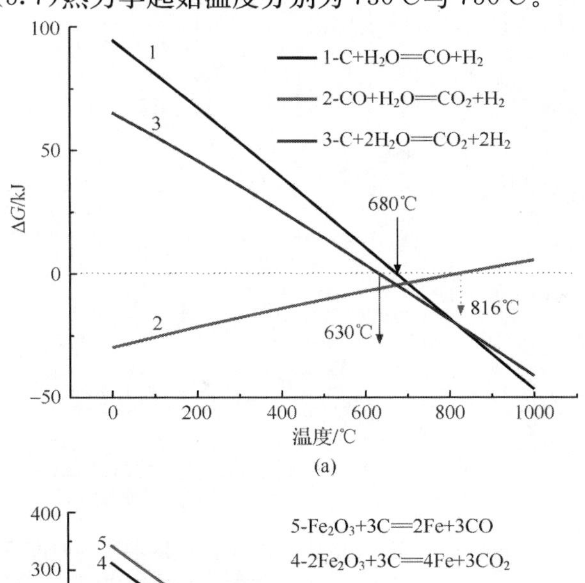

(a)

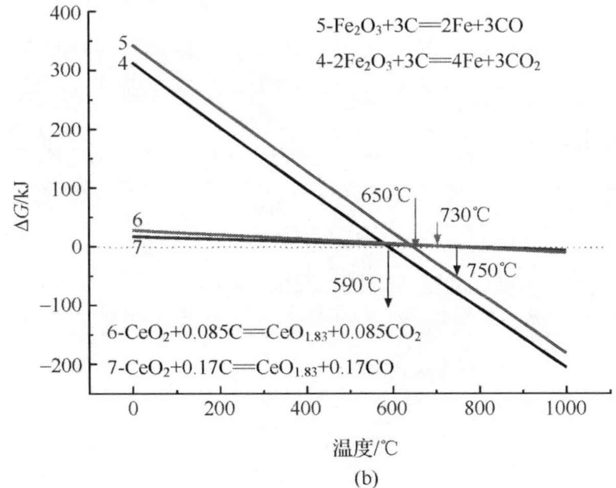

(b)

图 5.12　碳气化反应

(a) 与积碳和氧化物固-固反应；(b)吉布斯自由能随温度变化图

图 5.13 为 $Ce_{0.5}Fe_{0.5}O_{2-\delta}$(处于氧化态)表面的碳气化反应尾气随温度的变化图及在 850℃下随时间变化图,以碳烟模拟反应过程中的积碳。从图中可以看出,500℃时无明显的反应,至 600℃时开始出现明显的 CO_2 峰,随着积碳的消耗主要气化产物(CO_2 与 H_2)逐渐减少。但在整个反应过程中 CO 的含量极低,500~800℃温度段出现的少量的 CO 可以归结于少量碳由于混合不均远离了 $Ce_{0.5}Fe_{0.5}O_{2-\delta}$表面而影响催化作用。结合图 5.12 所示热力学图,可知在 $Ce_{0.5}Fe_{0.5}O_{2-\delta}$的作用下,碳的气化反应提前至 600℃,这可能是由于反应(5.4)的参与。与单独碳气化反应相比,产物主要不是 CO 而是 CO_2,应该归结于 $Ce_{0.5}Fe_{0.5}O_{2-\delta}$的催化作用。

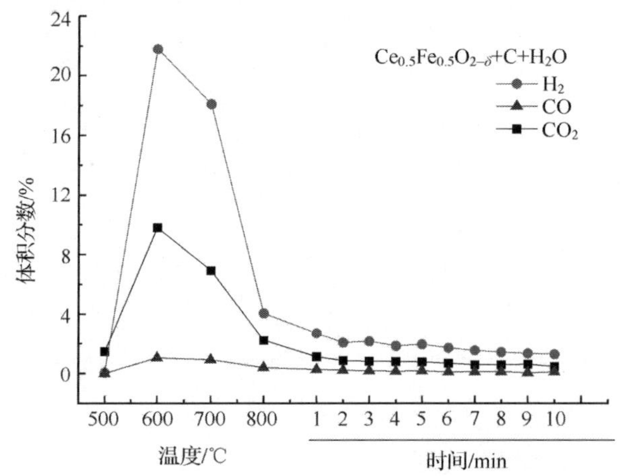

图 5.13 $Ce_{0.5}Fe_{0.5}O_{2-\delta}$表面的碳气化反应尾气随温度与时间变化图

1.8g $Ce_{0.5}Fe_{0.5}O_{2-\delta}$+0.3g C 与水蒸气的反应

碳气化过程中$(Ce_{0.5}Fe_{0.5}O_{2-\delta})_{还原}$、$(CeO_2)_{还原}$与$(Fe_2O_3)_{还原}$还原态金属氧化物并不具有催化 $C+2H_2O \longrightarrow CO_2+2H_2$ 反应的作用,而氧化态的 $Ce_{0.5}Fe_{0.5}O_{2-\delta}$、$CeO_2$ 与 Fe_2O_3 具有明显的该反应催化作用,从而将碳通过水蒸气气化为 CO_2 与 H_2,而这种催化作用主要归属于材料的氧化还原能力。从 CL-SMR 工艺的角度来讲,氧载体深度还原与积碳并存的这种状况会由于碳气化产物中的含碳气体而降低其品质。

5.6 小　　结

(1) 制备出的 $Ce_{1-x}Fe_xO_{2-\delta}$氧载体具有良好的分散度,Ce-Fe 复合氧载体中有少量的 Ce-Fe-O 固溶体形成，随着 Fe 的添加，氧载体储量氧与还原能力增强，内部晶格氧所占比例增大。Ce-Fe 物种在复合氧载体中表现出了一定的协同作用。

(2) CeO_2 及 Ce-Fe 复合氧载体显示出较高的制氢与合成气性能，其中 $Ce_{0.5}Fe_{0.5}O_{2-\delta}$ 氧载体表现出最优的综合性能。CeO_2 表现出高的甲烷转化活性，而 Fe 的添加不仅能够提高材料的储量氧增加合成气产量，还会显著改善材料分解水制氢的活性，从而提高产氢量。

(3) $Ce_{0.5}Fe_{0.5}O_{2-\delta}$ 氧载体在 CL-SMR 循环中显示出优越的反应性能。甲烷转化步骤，具有较高的甲烷转化率，合成气合理的 H_2/CO 比值；分解水步骤能够产出纯氢气。整个循环过程中合成气与氢气产量保持较高的稳定性。

(4) 无催化作用下，积碳在 850℃主要氧化为 CO 与 H_2。碳的气化反应在低温下主要转变为 CO_2，高温下更趋向于转化为 CO。金属氧化物由于其氧释放能力与氧化还原能力而对碳气化反应具有催化作用，使得主要气化产物为 CO_2 与 H_2。

第6章　化学链蒸汽重整制氢与合成气机理

6.1 引　　言

第5章对 $Ce_{1-x}Fe_xO_{2-\delta}$氧载体进行了 CL-SMR 性能研究，从目标产物的角度获得了其性能评价结果，而反应细节涉及的氧载体材料变迁与相关反应机理并未得到解决。因此本章中将围绕 CL-SMR 中反应活性受温度的影响、甲烷转化阶段反应时间与目标产物之间的关系、CL-SMR 循环过程中氧载体的物相结构、表面信息、价态迁移与材料还原能力变化进行研究，期待能够更加深入地理解 CL-SMR 反应体系及其反应机理。

6.2 氧化还原产物分析

图6.1为 $Ce_{0.5}Fe_{0.5}O_{2-\delta}$氧载体在850℃的 CL-SMR 循环中产物气体分析图，通过对循环过程中的氧化还原反应产物随时间的变化能够详细地描述氧载体的产气过程与特征。如图6.1(a)所示，随着反应的进行，CH_4与 CO_2的含量降低至接近零的含量水平并且在随后的过程中基本保持稳定，而目标产物(CO 与 H_2)随着反应的进行达到了一个较高的含量水平并在随后一段时间内(10～17min)保持稳定。反应后期，在 CO 与 H_2含量曲线上分别出现了下降与上升趋势，这个要归结于甲烷的裂解反应[72]。图6.1(b)为 CH_4转化率、H_2与 CO 选择性、H_2/CO 比值随反应时间的变化趋势。在反应的开始阶段显示出较高的 CH_4转化率(≈50%)和低的 H_2与 CO 选择性(>30%)，之后1～4min 内，CH_4转化率开始下跌，这之后 CH_4转化率迅速上升。另外，在反应开始之后，H_2与 CO 选择性逐渐增加，至第9min 达到90%并保持稳定。H_2/CO 比值在整个反应阶段维持在理论值2.0附近(1.53～2.18)，特别是在第4～17min 十分接近理论值(1.81～1.99)。该反应典型的变化趋势与本研究小组之前报道的 Ce-Fe 氧载体选择性氧化甲烷制合成气相类似[70,72]。在反应的开始阶段，较高的 CH_4转化率和低的 H_2与 CO 选择性应该归结于表面吸附氧与表面 Fe_2O_3的还原，当内部晶格氧不能及时供给氧化反应时就会出

现转化率下降的趋势。当表面氧消耗完之后，内部晶格氧开始向表面扩散，供给选择性氧化甲烷制合成气，而此时相对应的选择性也随着升高。此外，在表面 Fe_2O_3 的还原与金属 Fe 在 CeO_2 表面形成过程中，伴随着的是 CeO_2 晶格氧的活化过程，该过程已在第 4 章中得到证实。Wen 等报道在甲烷与氧化物的气-固反应中，活性晶格氧对应于完全氧化，而较低活性的晶格氧对应于部分氧化（选择性氧化）[109]。因此，在 $Ce_{0.5}Fe_{0.5}O_{2-\delta}$ 氧载体与 CH_4 的反应中，首先是 CH_4 通过活性晶格氧（表面 Fe_2O_3 与 CeO_2 表面晶格氧）完全氧化为 CO_2 与 H_2O，然后是较低活性晶格氧选择性氧化 CH_4 至 CO 与 H_2。

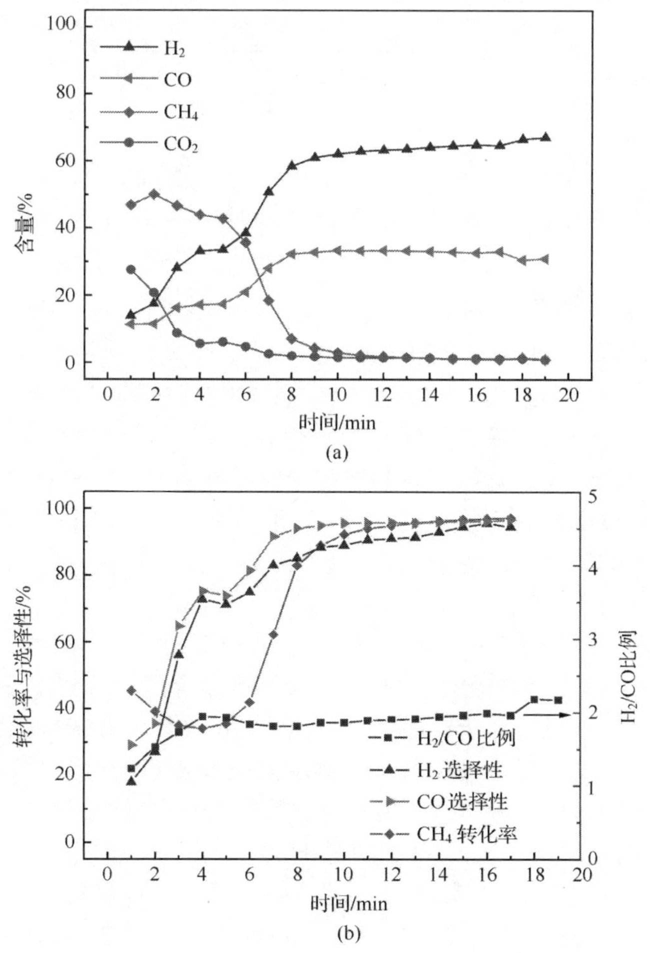

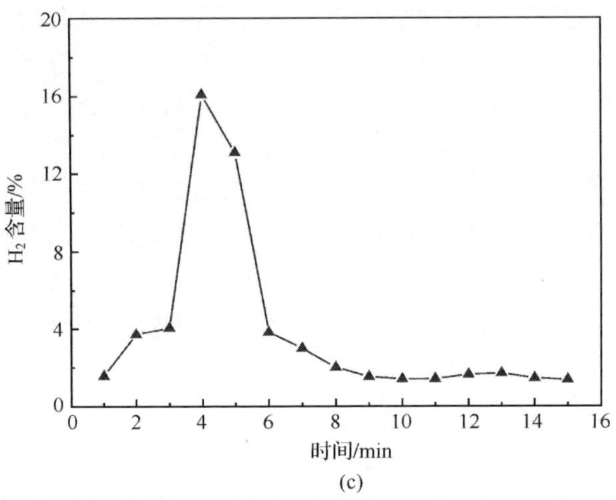

(c)

图 6.1 $Ce_{0.5}Fe_{0.5}O_{2-\delta}$氧载体在850℃的CL-SMR循环中产物气体分析图
(a) 甲烷转化步骤气体组成图；(b) 氧载体甲烷转化性能(CH_4转化率，H_2与CO选择性，H_2/CO比值)；(c) 分解水步骤产物气体(甲烷还原20min)

在该气-固反应中，首先伴随着 $Fe_2O_3 \longrightarrow Fe^0$ 的还原，CH_4 完全氧化为 CO_2与 H_2O，然后 CH_4 在活性位(Fe^* 或 Ce^{3+})经过活化后裂解为活性物质(H^* 与 C^*)。H^* 经过成对组合生成 H_2，而 C^* 被铈氧化物(CeO_2或还原过程中形成的 $CeFeO_3$)活性晶格氧($O^*_{Latt.}$)氧化为 CO[48]。晶格氧的持续供给与高质量合成气的产物主要归结于高分散度的氧载体中 Ce-Fe 物种之间的协同作用。当晶格氧过度消耗不能及时供给 C^* 的氧化，导致 C^* 的积累形成积碳。为保证氧载体的活性与避免积碳，控制合适的反应时间与及时的再生晶格氧是十分必要的。

图 6.1(c)为分解水步骤产生的 H_2 占载气(N_2，50Ncm^3/min)含量的比例。如图所示，H_2含量随着水蒸气的通入而迅速升高，最高达 16.08%，然后降至较低的含量水平。由于合适的还原度，在此过程中并未检测到任何含碳气体。从 H_2的产生过程可以看出，分解水反应在较短的时间内(10min)就可以完成。在分解水反应中，H_2O 在 Fe^0或 Ce^{3+} 表面通过断裂 H—O 键而形成活性氧原子(O^*)与氢原子(H^*)，O^* 直接氧化 Fe^0 与 Ce^{3+} 生成 Fe_3O_4 与 CeO_2，而 H^* 经过成对组合生成 H_2。作为一种氧化剂，水蒸气可以氧化低价金属氧化物或金属至高价氧化物，同时生成氢气[6]。从第 5 章 $Ce_{0.5}Fe_{0.5}O_{2-\delta}$ 氧载体 10 次循环性能产气的研究可以确定通过分解水反应可以将在甲烷转化步骤失去的大部分晶格氧再生。

6.3　反应温度对 CL-SMR 反应的影响

考虑到温度对甲烷转化与分解水反应的影响与能源消耗，CL-SMR 工作温度选择 800～900℃比较合适[64]。为测试工作温度对 CL-SMR 效果的影响，本书分别在 800℃、850℃与 900℃下考察了 CL-SMR 中的甲烷转化与分解水步骤的还原与氧化性能。图 6.2 为 CL-SMR 中产气量随温度变化图。甲烷转化步骤产生的合成气(H_2与 CO)及分解水步骤的 H_2都随着温度的升高而增高。Ce-Fe 复合氧载体对温度十分敏感，较高的温度下甲烷转化率与目标产物选择性也较高(表 6.1)，较高的甲烷转化率对应于分解水步骤较高的产氢量(图 6.2)。由于甲烷转化步骤中甲烷还原时间的合理控制，在不同温度下的循环过程分解水产生的氢气中都不含有含碳气体(CO 与 CO_2)。从表 6.1 可以看出，转化率与选择性随着温度的升高而升高，合成气中 H_2/CO 接近理论值 2.0，特别是当温度为 850℃与 900℃时，H_2/CO 比值十分接近理论值。

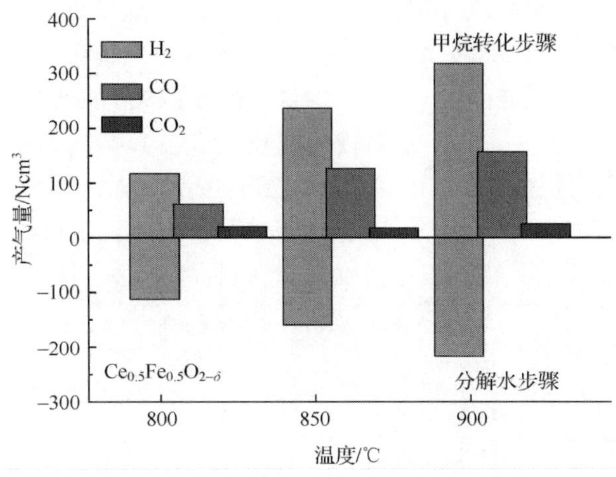

图 6.2　CL-SMR 中产气量随温度变化图

甲烷转化步骤 20min，分解水步骤 30min

表 6.1 不同温度下 $Ce_{0.5}Fe_{0.5}O_{2-\delta}$ 氧载体甲烷转化步骤性能

温度/℃	CH_4 转化率/%	H_2 选择性/%	CO 选择性/%	H_2/CO
800	38.75	72.86	75.79	1.92
850	63.28	83.21	83.80	1.99
900	77.44	87.26	85.99	2.01

图 6.3 为不同温度下 CL-SMR 循环后样品 XRD 图。不同温度下循环后的产物基本相同，主要物相为 CeO_2、Fe_3O_4 与 $CeFeO_3$。还原态的金属氧化物在分解水步骤被重新氧化，其中还原态产物在高温下相互之间还发生了反应，产生了新的物种。$CeFeO_3$ 可能是通过还原之后或分解水过程产物中 CeO_2 + Fe + Fe_2O_3 或 CeO_2 + FeO 之间的固-固反应生成[137,138]。Buscail 等研究发现在维氏体（FeO）与 CeO_2 镀层之间通过表面接触固-固反应也会形成 $CeFeO_3$[139]。此外，在真空气氛或还原气氛下也可以通过这些固-固反应形成 $CeFeO_3$，但是 $CeFeO_3$ 并不能够稳定存在于氧化性气氛中，其合成过程需要真空环境或还原性气氛。此外，从 XRD 图谱可以看出随着温度的升高，XRD 衍射峰变得更加尖锐，半峰宽变窄，这说明材料在较高温度下晶化程度增强，晶粒长大。同时当 CL-SMR 工作温度为 850℃ 与 900℃ 时对应 $CeFeO_3$ 的衍射峰有所削弱，这可能是样品中 $CeFeO_3$ 含量下降导致的。一般而言，$CeFeO_3$ 的最佳合成温度为 800～850℃，温度较高或较低都会影响其形成[72]。另外，新鲜氧载体的比表面积为 14.7m^2/g，800℃ 循环之后比表面积下降为 1.8m^2/g，850℃ 循环后为 1.3m^2/g，当循环温度为 900℃ 时下降至 0.6m^2/g。比表面积的变化印证了 XRD 的结果，工作温度升高材料晶粒长大。

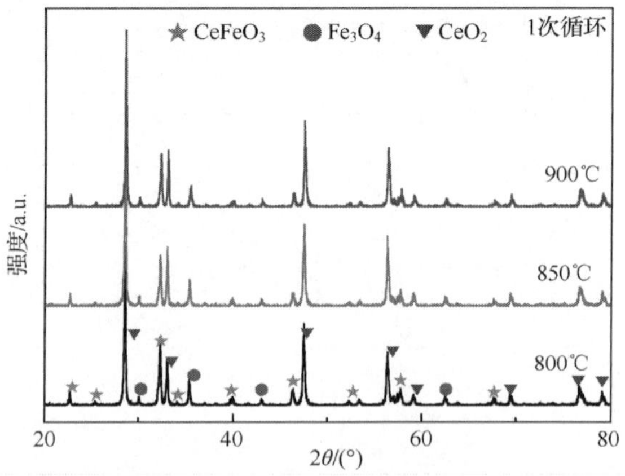

图 6.3 不同温度下 CL-SMR 循环后样品 XRD 图

图6.4为$Ce_{0.5}Fe_{0.5}O_{2-\delta}$氧载体不同温度下CL-SMR循环后样品XPS O1s图，表6.2为表面氧物种含量拟合结果。在不同温度下，1次循环后的样品中OⅠ晶格氧仍旧是占氧物种的主要组成部分，OⅠ随着温度的升高占晶格氧与氧缺位氧的含量有所下降，特别是在900℃，这可能说明较高温度下材料的晶格氧恢复过程有所削弱。随着工作温度的升高，材料中的氧物种发生了较大的变化，其中OⅢ随着温度的升高含量逐渐下降，OⅢ主要受材料比表面积变化的影响，较高的比表面积对应于较高含量的表面吸附氧，这与其比表面积数据相互照应。

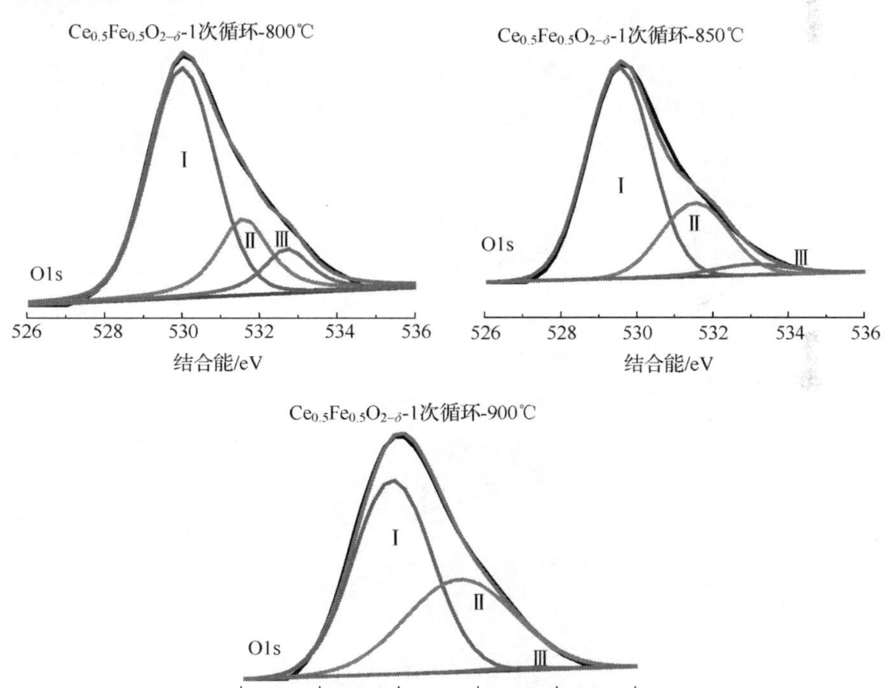

图6.4　不同温度下CL-SMR循环后样品XPS O1s图

表6.2　不同温度下CL-SMR循环后样品XPS O1s结果

氧载体	氧物种含量/%		
	OⅠ	OⅡ	OⅢ
$Ce_{0.5}Fe_{0.5}O_{2-\delta}$-1次循环-800℃	65.6	22.2	12.2
$Ce_{0.5}Fe_{0.5}O_{2-\delta}$-1次循环-850℃	68.7	27.4	3.9
$Ce_{0.5}Fe_{0.5}O_{2-\delta}$-1次循环-900℃	59.7	39.6	0.7

XPS Ce3d 能够进一步地显示材料中的 Ce 的价态情况。图 6.5 为不同温度下 CL-SMR 循环后样品 XPS Ce3d 图。v′特征峰的情况在一定程度上反映了材料中 Ce 的中 Ce^{3+} 的含量。800 与 900℃下样品对应的 v′特征峰面积较大,且十分明显,这说明其中 Ce^{3+} 的含量较高,特别是 800℃对应的样品。通过各特征峰对应面积计算出来的不同价态 Ce 的含量如表 6.3 所示,850℃焙烧对应样品中 Ce^{3+} 的含量最低(占总铈的 15.3%),与新鲜的氧载体中 Ce^{3+} 的含量相当,这表明在该温度下还原态氧载体得到了较全面的氧再生。而 800℃下的样品中 Ce^{3+} 含量最高,结合 XRD 检测结果,可以推断这是由于材料中较高含量的 $CeFeO_3$ 导致的。$CeFeO_3$ 作为一种在非氧化态(还原性或真空条件下)环境下形成的材料,本身氧缺位含量丰富,含有较高含量的 Ce^{3+}[137]。XRD 显示 850℃与 900℃下 $CeFeO_3$ 衍射峰较低,与之相对应的 Ce^{3+} 含量也较低。

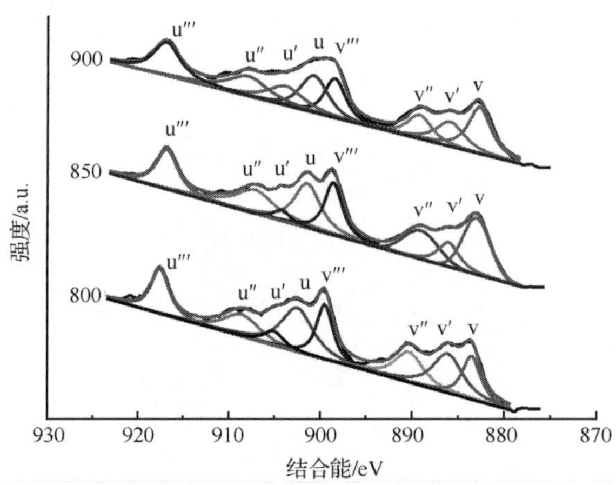

图 6.5 不同温度下 CL-SMR 循环后样品 XPS Ce3d 图

表 6.3 不同温度下 CL-SMR 循环后样品 XPS Ce3d 结果

氧物种	Ce 物种含量/%	
	Ce^{4+}	Ce^{3+}
$Ce_{0.5}Fe_{0.5}O_{2-\delta}$-1 次循环-800℃	68.7	31.3
$Ce_{0.5}Fe_{0.5}O_{2-\delta}$-1 次循环-850℃	84.7	15.3
$Ce_{0.5}Fe_{0.5}O_{2-\delta}$-1 次循环-900℃	77.6	22.4

较高的反应温度下,CH_4 与氧载体之间的气-固反应活性较高,甲烷转化

阶段产生的合成气量较高，氧载体本身释放的晶格氧量较高，从而在分解水步骤通过恢复自身晶格氧能够产生较大量的氢气。1 次循环之后氧载体中的主要物相基本类似，受反应温度与材料中物相影响，材料氧物种与 Ce 的价态有所改变。$CeFeO_3$ 的形成被认为是造成 Ce^{3+} 含量升高的原因，高温反应导致的材料比表面积下降致使表面吸附氧的含量下降。通过以上手段可以推断选择 850℃为 CL-SMR 的工作温度对反应中材料的稳定性与活性是具有积极作用的。

6.4　甲烷还原时间对 CL-SMR 反应的影响

由于反应温度导致甲烷转化率的变化从而影响到在分解水步骤的制氢过程在上一节中已经得到充分认识。即在 CL-SMR 中，分解水步骤的产氢气量在一定程度上取决于甲烷转化量。为充分挖掘氧载体的氧释放能力，并获得甲烷转化步骤合适控制时间，我们对还原时间对反应过程的影响效果进行了研究。

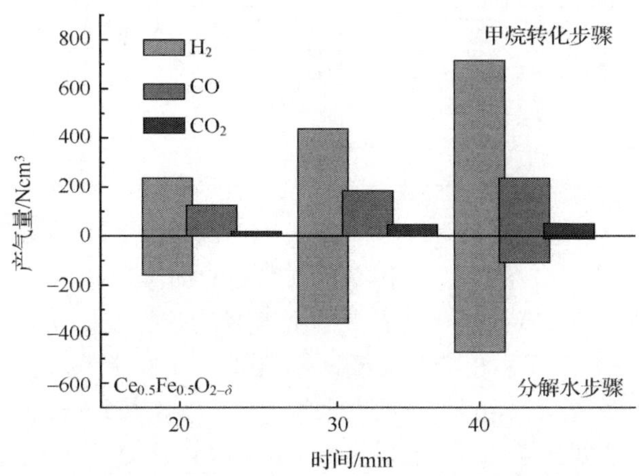

图 6.6　850℃下甲烷还原时间对 CL-SMR 的影响

如图 6.6 所示，随着还原时间的增长，合成气产量随着增加，这主要是源于氧载体的深度还原与甲烷裂解反应。甲烷转化率与 H_2/CO 比值随着还原时间的持续而增大。前文中通过对甲烷过程进行了研究，发现 Ce-Fe 复合氧载体材料经过活化之后能够以较快的释放速率释放晶格氧。较短的还原时间内，还原程度较低氧载体晶格氧仍未得到活化，所以转化率较低。而随着还原时间的增长，材料晶格氧得到活化，其释放速率也随之而增长，所以对应的转化率也随之上升。而且随着还原程度的加深，材料表面积碳愈加严重，最后导致 H_2/CO 一直升高。随着氧载体的还原程度加深，在分解水步骤产生的氢气量也随之增长。在甲烷还原时间为 20min 时，分解水步骤产生的氢气中含有少量的 CO_2，这可能是由于少量的积碳与水蒸气发生气化反应产生的。当还原时间增加至 40min 时，分解水产生的氢气中就含有大量的 CO 与 CO_2，这可以归结于碳气化反应（$C+H_2O \longrightarrow CO+H_2$）与水汽转换反应（$CO+H_2O \longrightarrow CO_2+H_2$）[65]。积碳行为研究中证实碳气化中转化 CO 或 CO_2 主要取决于氧化物的储放氧能力。同时当积碳过多时，碳直接气化则主要转化为 CO 而非 CO_2。积碳的氧化过程受到氧化物自身特性与氧化物催化氧化能力共同作用。在甲烷转化过程中，积碳不仅会影响到后续步骤氢气品质还会降低氧载体活性[61]。因此选择合适的甲烷还原时间对氧载体的寿命与产物品质都有着重要作用，其中对于 $Ce_{0.5}Fe_{0.5}O_{2-\delta}$ 氧载体甲烷还原时间选择为 20min 较为合适，能够产出比例适宜的合成气与纯氢气（表 6.4）。

表 6.4 850℃下 $Ce_{0.5}Fe_{0.5}O_{2-\delta}$ 氧载体还原时间对甲烷转化合成气的影响

反应时间/min	CH_4转化率/%	H_2选择性/%	CO 选择性/%	H_2/CO
20	63.28	83.21	83.80	1.99
30	73.80	94.31	80.07	2.36
40	76.58	—	82.24	3.04

图 6.7 为 850℃下 $Ce_{0.5}Fe_{0.5}O_{2-\delta}$ 氧载体不同甲烷还原时间下获得的样品 XRD 图，该图反映了氧载体随着甲烷还原程度的加深物相的变化。新鲜的氧载体显示的主要为 CeO_2 与 Fe_2O_3 的特征衍射峰，还原 20min 后样品除含有少量的 CeO_2 与 FeO，主要物相变为 $CeFeO_3$，还原 30min 后物相演变为 CeO_2 与金属 Fe，还原时间至 40min 时主要物相除 CeO_2 与金属 Fe 外，还有 Fe_3C。且在 28.6°附近处的对应于 CeO_2 的(111)面衍射峰还原之后都发生了不同程度的偏移，这是由于在 CeO_2 中 Ce^{3+} 具有较大的离子半径导致氧化铈晶胞发生晶格畸变[64]。

一般认为 CeO_2 是很难通过甲烷还原使其至 Ce_2O_3 的还原态，在不断的还原过程中只会逐渐增加 Ce^{3+} 的含量，逐渐接近 Ce_2O_3。而 Fe_2O_3 通过甲烷就很容易被还原至金属 Fe 状态[64]。因此在还原 20min 生成的 $CeFeO_3$ 应该归结于还原过程中的 Fe 物种与铈物种之间的固-固反应。由于 $CeFeO_3$ 的制备条件较为苛刻，关于其制备方法只有较少文献报道。文献报道在惰性气氛保

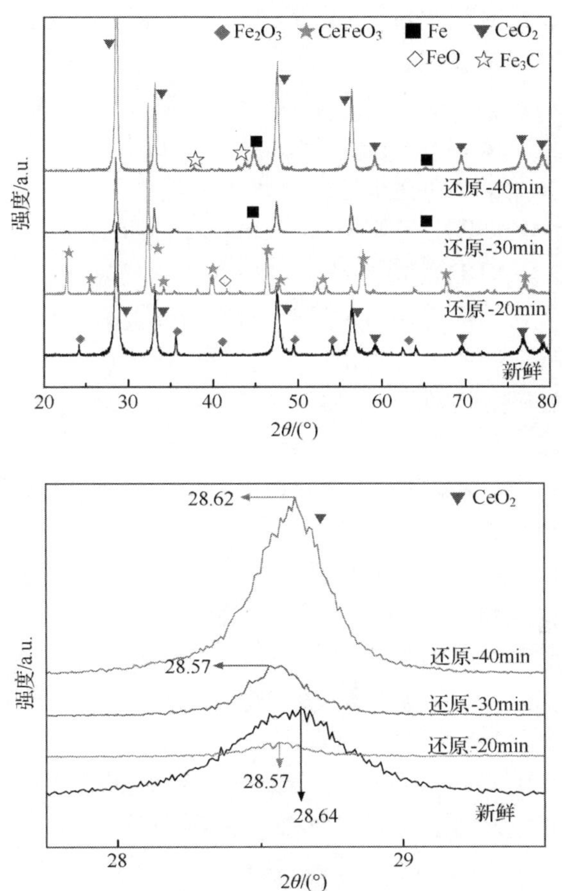

图 6.7　850℃下 $Ce_{0.5}Fe_{0.5}O_{2-\delta}$ 氧载体不同甲烷还原时间下获得的样品 XRD 图

护下，通过 $3CeO_2+Fe_2O_3+Fe \longrightarrow CeFeO_3$ 与 $CeO_2+FeO \longrightarrow CeFeO_3$ 反应是可以制备得到具有钙钛矿结构的铁氧体 $CeFeO_3$[69]。Ameta 等报道通过共沉淀制备得到的 Ce-Fe 复合氧化物前驱体与丙酮的充分混合研磨，在一系列复杂的焙烧制度下焙烧并不断添加丙酮可以制备得到纯 $CeFeO_3$，其制备过程仍是利用上述两反应实现 $CeFeO_3$ 的合成。此前作者所在研究小组也报道了利用 $7CeO_2+3Fe$ 混合物在 800℃下焙烧 2h 可以获得含有 Fe_2O_3 的 $CeFeO_3$ 混合物[73]。鉴于新鲜 $Ce_{0.5}Fe_{0.5}O_{2-\delta}$ 氧载体是通过共沉淀方法制备的，Ce-Fe 物种之间表面接触良好，因此在还原态氧载体中 $CeFeO_3$ 是铈物种（CeO_2）与 Fe 物种（Fe_2O_3、Fe 与 FeO 或 Fe_3O_4）之间的相互作用通过上述两固-固反应实现的。当甲烷还原时间继续增加，至 30min 后中间形成的 $CeFeO_3$ 物相被破坏，这说明 $CeFeO_3$ 是极不稳定的，这与文献中所报道的现象相一致[73]。当深度还原（还原时间 40min）时，甲烷发生严重裂解在 Fe/CeO_2 表面沉积积碳，积碳与金属铁发生 $3Fe+C \longrightarrow Fe_3C$ 反应生成 Fe_3C。

为研究氧载体晶格氧在逐步还原过程中的消耗过程与剩余晶格氧量，如图 6.8 所示为对不同甲烷还原时间下获得 $Ce_{0.5}Fe_{0.5}O_{2-\delta}$ 氧载体进行的 H_2-TPR测试。结合 XRD 的检测结果可知各物相的氢气还原特征。新鲜氧载体其低温下氢气还原峰主要归结于 $Fe_2O_3 \rightarrow Fe_3O_4$ 的还原，随后两个氢气还原峰源于由于 Ce-Fe 物种之间的相互作用，$Fe_3O_4 \rightarrow Fe$ 的还原分成两步过程，与 CeO_2 晶格氧的还原过程相互叠加。还原后的氧载体的氢气还原峰面积由小到大依次为：$Ce_{0.5}Fe_{0.5}O_{2-\delta}$-40min $<$ $Ce_{0.5}Fe_{0.5}O_{2-\delta}$-20min $<$ $Ce_{0.5}Fe_{0.5}O_{2-\delta}$-30min $<$ $Ce_{0.5}Fe_{0.5}O_{2-\delta}$-0min。除 $Ce_{0.5}Fe_{0.5}O_{2-\delta}$-30min 样品外，其他样品表现出较好的规律性。$Ce_{0.5}Fe_{0.5}O_{2-\delta}$-40min 中主要物相为 CeO_2、金属 Fe 与 Fe_3C，Fe_3C 为甲烷深度还原下的产物，此时材料中的可供还原晶格氧量十分少，与之相对应的氢气还原峰面积最低，其中在 475℃左右出现的氢气还原峰应该源于表面重新氧化的 Fe 氧物种的还原（样品在测试之前不可避免地暴露在空气中导致的重新氧化），在高于 900℃以后出现的氢气还原峰应该归结于 CeO_2 深层晶格氧的还原。$Ce_{0.5}Fe_{0.5}O_{2-\delta}$-20min 样品在 475℃左右出现的较小包峰应该是表面 Fe 的氧物种还原，而随后在 620℃左右出现的较明显氢气还原峰应该归结于主要物相 $CeFeO_3$ 结构中晶格氧的还原与钙钛

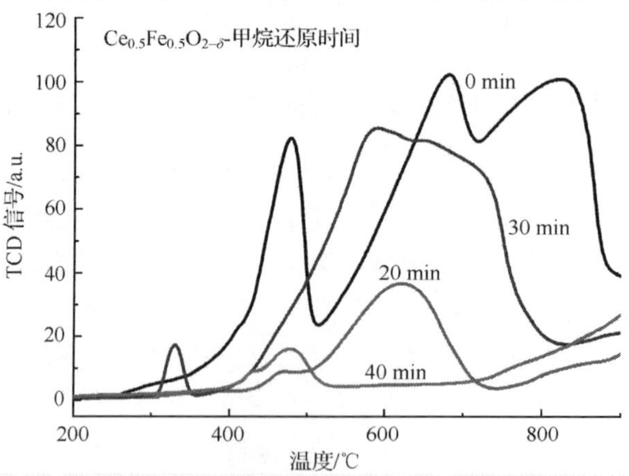

图 6.8　850℃下 $Ce_{0.5}Fe_{0.5}O_{2-\delta}$ 氧载体不同甲烷还原时间下获得的样品 H_2-TPR 图

矿结构的破坏过程。$Ce_{0.5}Fe_{0.5}O_{2-\delta}$-30min 其还原过程与预料中有所不同，同时在330℃左右还出现了一个尖锐的小面积氢气还原峰，而在600℃左右出现了一个强度十分高的大面积氢气还原峰。在前面的研究中，作者证实了高度分散的金属Fe对CeO_2晶格氧的释放过程具有明显的活化作用，能极大地提高其晶格氧释放速率并增强晶格氧释放能力(见第4章)。因此，330℃的尖锐氢气还原峰应该归结于较多的晶格缺陷产生的大量吸附分子氧的还原过程，600℃左右对应的氢气还原过程是由于材料活化后导致的结果[120]。

6.5 氧载体物相与结构演变

氧载体材料的在CL-SMR中的物相与结构演变对最终产品气、材料稳定性有着决定性的影响。一般期望材料在多次redox循环之后还能够保持稳定的物相与结构，同时还能够保持较好的反应活性。此外，通过对物相与结构的演变过程进行描述能够深入地剖析其反应机理。

如图6.9为850℃下Fe_2O_3、$Ce_{0.5}Fe_{0.5}O_{2-\delta}$与$CeO_2$氧载体1次CL-SMR循环后XRD图。通过单独比较Fe_2O_3与CeO_2氧载体1次循环后物相以研究Ce-Fe物种之间的相互反应。如图6.9所示，Fe_2O_3氧载体经过还原后主要物相应该为金属Fe，而通过分解水反应后生成纯Fe_3O_4相，这主要是由于水蒸气的氧化性较氧气弱，并不能将金属Fe氧化至初始状态Fe_2O_3[140]。CeO_2还原后样品中含有大量的Ce^{3+}，经过水蒸气再生后可再生为Ce^{4+}，同时产生氢气，但表面高活性晶格氧在此过程中并不能得到再生[26]。

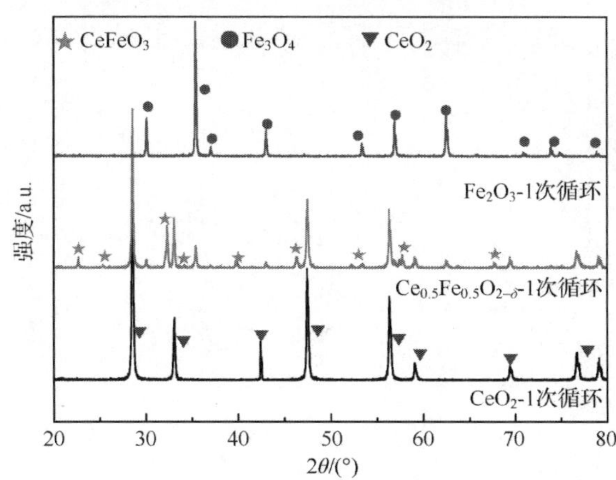

图6.9 850℃下Fe_2O_3、$Ce_{0.5}Fe_{0.5}O_{2-\delta}$与$CeO_2$氧载体1次CL-SMR循环后XRD图

如图 6.10(a)所示,如前文所述,还原态样品中 $CeFeO_3$是通过固-固反应形成的。对于1次循环后的样品,在分解水再生后原有样品中的主要物相 $CeFeO_3$通过 $3CeFeO_3+H_2O\longrightarrow 3CeO_2+Fe_3O_4+H_2$反应后分解为 CeO_2与 Fe_3O_4[138]。此外,1次循环后样品中还残留部分 $CeFeO_3$可能是在还原或氧化步骤通过 Ce 与 Fe 物种之间的固-固反应生成的。10次循环后样品的 XRD 衍射峰与1次循环后样品十分类似,其中各物相含量基本相同。一般而言,$CeFeO_3$的制备过程不仅苛刻,而且极不稳定[141],6.4节研究结果显示进一步的还原会完全破坏 $CeFeO_3$结构。因此在1次循环后样品中的 $CeFeO_3$在还原过程结构会被破坏而生成 Fe 与 CeO_2,在分解水再生过程中会再生成 $CcFeO_3$。因此,可以认为在1次与10次循环样品中的 $CeFeO_3$是在分解水步骤中重新生成的,其反应式可以表示为:$Fe_3O_4+4CeO_2+Fe\longrightarrow 4CeFeO_3$。1次与10次循环样品的 XRD 结果表示氧载体中各物种 $CeFeO_3$、CeO_2与 Fe_3O_4在一定温度与气氛条件下达到了稳定的 Ce-Fe-O 相平衡状态,并在随后的循环中保持稳定不变[142]。循环后的样品中对应各特征衍射峰都有所变窄,说明材料中各物相在高温过程中进一步地晶化、晶粒长大,这与比表面积(新鲜样品 $14.7m^2/g$、1次循环后 $1.3m^2/g$ 与10次循环后 $0.5m^2/g$)反映出来的信息相一致。如图 6.10(b)所示,与新鲜氧载体相比,还原态与循环后样品对应于氧化铈(111)面的衍射峰向小角度发生了偏移,这意味着与还原态样品一样,再生后样品中仍含有一定量 Ce^{3+}。

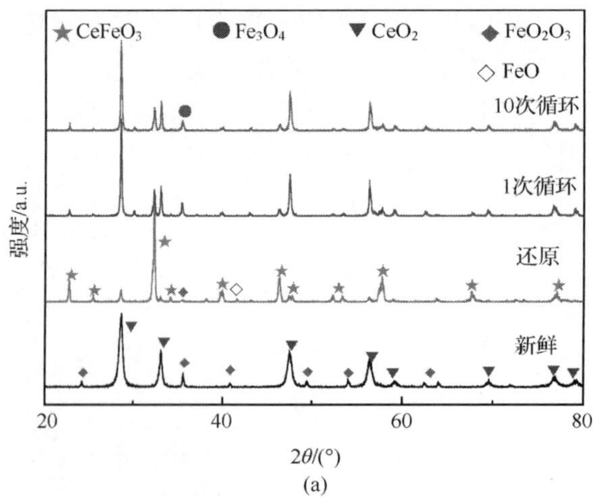

(a)

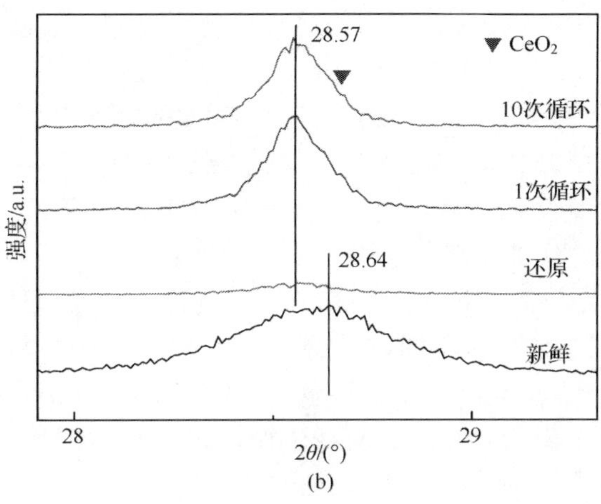

图 6.10　新鲜、还原、1 次循环与 10 次循环后氧载体 XRD 图

在 XRD 测试基础上，如图 6.11 所示，Raman 的测试能够提高更为详细的材料表面信息。新鲜氧载体中 Fe_2O_3 高度分散在 CeO_2 表面，使得其 Raman 图谱对应于较为明显的 Fe_2O_3 的 Raman 特征峰与较为微弱的 CeO_2 特征峰。在还原 20min 后的样品中，对应于 Fe_2O_3 的 Raman 特征峰完全消失，而在 $282cm^{-1}$ 与 $426cm^{-1}$ 处出现了新的 Raman 峰，根据 XRD 结果可以推断这连个新出现的 Raman 峰应该源自于 $CeFeO_3$ 的钙钛矿结构的 Raman 响应。循环后的样品 Raman 峰形十分相似，在 $465cm^{-1}$ 与 $666cm^{-1}$ 处出现的 Raman 峰对应于 CeO_2 与 Fe_3O_4 物种[117]。与 XRD 检测结果有所不同，循环后样品中

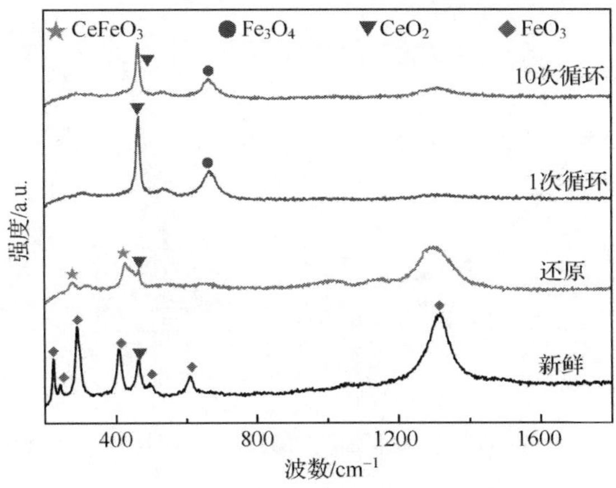

图 6.11　新鲜、还原、1 次循环与 10 次循环后氧载体 Raman 图

Raman 显示的并没有 $CeFeO_3$，这主要是在分解水反应中表面 $CeFeO_3$ 被完全氧化为 CeO_2 与 Fe_3O_4，使得 CeO_2 与 Fe_3O_4 成为循环后样品表面的主要物种。

如图 6.12 所示为 CL-SMR 反应过程中样品的 XPS O1s 图谱。与新鲜氧载体相比，还原态氧载体对应的 OⅡ 氧缺位吸附氧对应的峰面积增大，而且 OⅢ 峰强度有所下降。1 次循环与 10 次循环后样品对应 OⅢ 峰强度明显下降，OⅡ 氧缺位吸附氧强度有所增强。表 6.5 所示为样品中对应的不同氧物种含量。所有样品内部晶格氧含量都在 60%左右，但是还原后氧载体对应的 OⅡ 含量较新鲜氧载体有所增加，这是由于还原后材料中的氧缺位含量增加。OⅢ 氧物种含量在经过高温反应后都显著降低，这是由于材料中晶体晶化程度增强、比表面积下降所导致的。氧载体循环之后其内部晶格氧含量稍有降低，同时氧缺位数量增加。

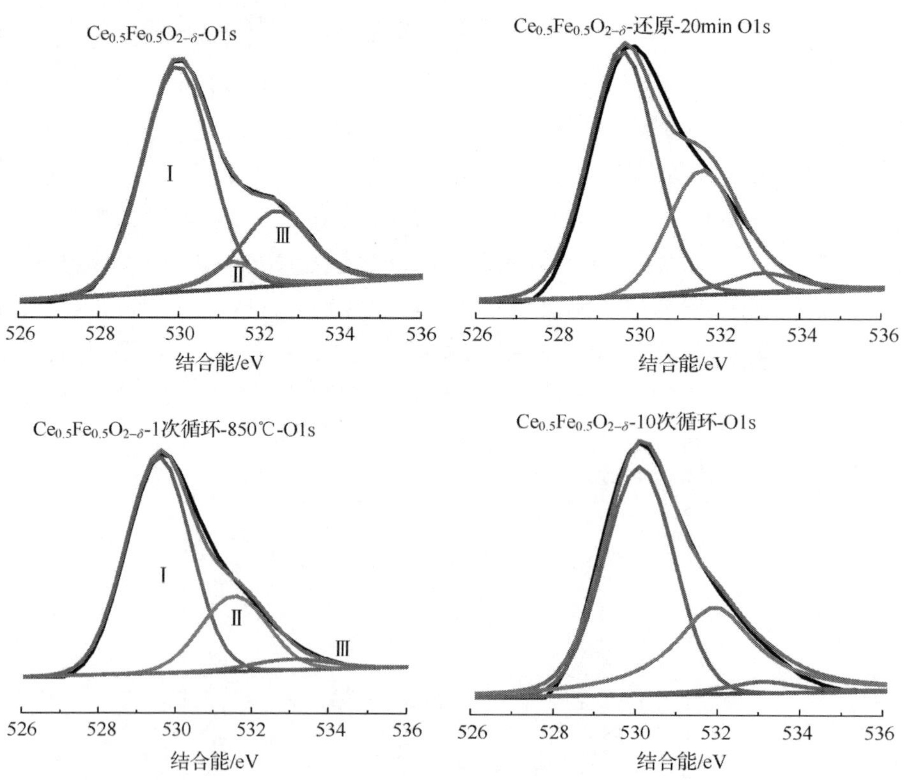

图 6.12 新鲜、还原、1 次循环与 10 次循环后样品 XPS O1s 图

表 6.5　新鲜、还原、1 次循环与 10 次循环后样品 XPS O1s 结果

氧载体	氧物种含量/%		
	OⅠ	OⅡ	OⅢ
$Ce_{0.5}Fe_{0.5}O_{2-\delta}$	66.8	7.8	25.4
$Ce_{0.5}Fe_{0.5}O_{2-\delta}$-还原	63.8	28.8	7.4
$Ce_{0.5}Fe_{0.5}O_{2-\delta}$-1 次循环	68.7	27.4	3.9
$Ce_{0.5}Fe_{0.5}O_{2-\delta}$-10 次循环	58.4	37.9	3.7

图 6.13 为新鲜、还原、1 次循环与 10 次循环后样品的 XPS Ce3d 图谱。所有样品都对应于 8 个特征峰，表面样品中为 Ce^{3+} 与 Ce^{4+} 共存状态。由 Ce^{3+} 的 $3d_{5/2}$特征峰 v′峰面积与 Ce^{4+} 的 $3d_{5/2}$特征峰 v、v″与 v‴总面积之比可以计算 Ce^{3+} 与 Ce^{4+} 的物质的量比，从而确定不同价态铈含量。还原态的样品对应的 Ce^{3+} 的 $3d_{5/2}$ 特征峰 v′峰面积显著增大，表明样品中有大量 Ce^{3+} 的存在。通过拟合后获得不同特征峰面积，计算得到的不同价态铈含量结果如表 6.6所示。

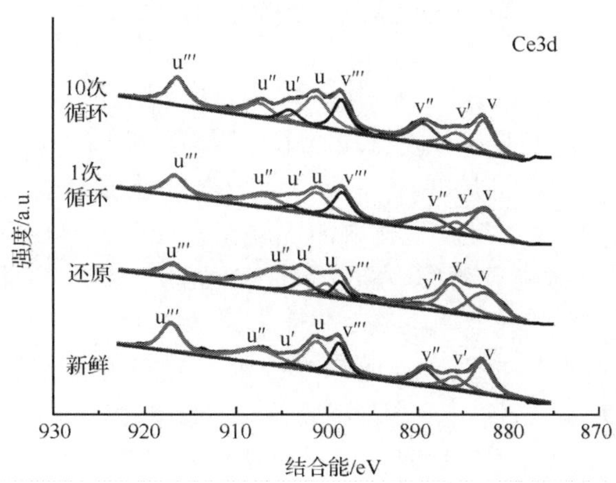

图 6.13　新鲜、还原、1 次循环与 10 次循环后样品 XPS Ce3d 图

表 6.6　新鲜、还原、1 次循环与 10 次循环后样品 XPS Ce3d 结果

氧载体	Ce 物种含量/%	
	Ce^{4+}	Ce^{3+}
$Ce_{0.5}Fe_{0.5}O_{2-\delta}$	81.8	18.2
$Ce_{0.5}Fe_{0.5}O_{2-\delta}$-还原	59.1	40.9
$Ce_{0.5}Fe_{0.5}O_{2-\delta}$-1 次循环	84.7	15.3
$Ce_{0.5}Fe_{0.5}O_{2-\delta}$-10 次循环	78.4	21.6

如表 6.6 所示为 CL-SMR 反应过程氧载体中 Ce^{4+} 与 Ce^{3+} 的含量。新鲜氧载体中就有一定含量(18.2%)的 Ce^{3+} 存在，这与著者所在研究小组的研究结果相一致。还原之后氧载体中 Ce^{3+} 含量显著增加至 40.9%。再生后氧载体中部分 Ce^{3+} 得到恢复，但经过 10 次循环之后氧载体中 Ce^{3+} 较新鲜氧载体稍有增加。在 CL-SMR 循环中，虽然涉及氧化还原反应，但氧载体始终是处于弱还原性气氛中(还原步骤：H_2、CO 与 CH_4；氧化步骤：H_2)，因此表面一些具有较高活性的晶格氧逐渐被还原致使氧载体中 Ce^{3+} 含量稍有增加。

6.6　氧载体还原性能分析

H_2-TPR 测试是用来研究氧载体在不同的反应阶段的还原能力。如图 6.14所示为新鲜、还原、1 次与 10 次循环后样品 H_2-TPR 图。新鲜氧载体表现为最大面积的氢气还原峰，这说明新鲜氧载体能够释放大量的晶格氧供给氢气还原反应，同时也反映了材料的优越储氧能力。结合 XRD 检测结果可知还原态氧载体对应于 480℃左右的氢气还原峰归结于表面 Fe^{3+} 的还原，而在 640℃左右的氢气还原峰应该对应于 $CeFeO_3$ 的还原。1 次与 10 次循环样品显示出的 H_2-TPR 曲线十分近似，在 800℃左右出现的主要氢气还原峰应该归结于 CeO_2、$CeFeO_3$ 与 Fe_3O_4 还原的综合结果(图 6.14)。通过比较新鲜与循环再生后氧载体 H_2-TPR 图谱可以获得两点值得关注的现象：①新鲜氧载体的表面氧还原峰在循环后的样品中消失；②循环后样品在高温段($T>$500℃)的还原能力得到提升。本书及其他研究者的研究表明：在甲烷与金属氧化物的反应过程中，表面氧主要对应于甲烷的完全氧化，而晶格氧能够选择性氧化甲烷生成 H_2 与 CO[66]。因此，表面氧的消失与晶格氧还原能力的提升在很大程度上能够提高氧载体在 CL-SMR 循环过程中甲烷制合成气的选择性，进而提高目标产物品质。

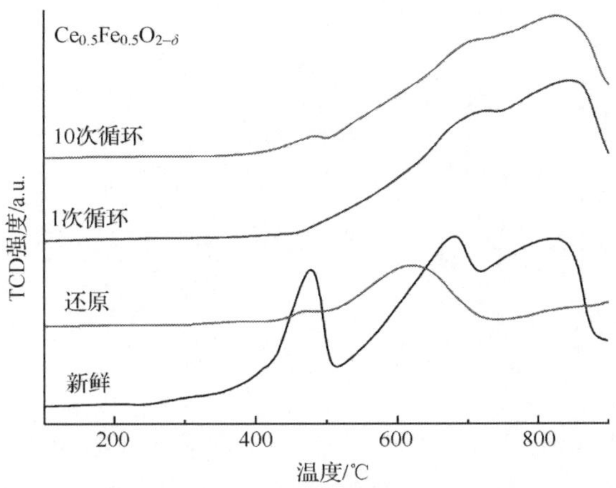

图 6.14　新鲜、还原、1 次循环与 10 次循环后样品 H_2-TPR 图

6.7　化学链蒸汽重整反应机理

第 4 章中已详细阐释了化学链蒸汽重整甲烷转化步骤中甲烷与氧载体之间的气-固反应机理，此处只结合通过各种分析测试手段获得的表征信息总结还原态分解水的反应机理。单独 Fe_2O_3 与 CeO_2 经过还原后可以获得还原态产物 Fe 与 $CeO_{2-\delta}$，其参与分解水反应如下所示：

$$3Fe + 4H_2O \longrightarrow Fe_3O_4 + 4H_2 \tag{6.1}$$

$$CeO_{2-\delta} + \delta H_2O \longrightarrow CeO_2 + \delta H_2 \tag{6.2}$$

当 Fe_2O_3 与 CeO_2 作为复合氧化物时，之间会发生相互反应产生 $CeFeO_3$，此时涉及的分解水反应为

$$3CeFeO_3 + H_2O \longrightarrow 3CeO_2 + Fe_3O_4 + H_2 \tag{6.3}$$

当复合氧化物被甲烷进一步还原时候，其产物中除积碳之外还可能产生 Fe_3C，此时对应的分解水反应为

$$Fe_3C + 5H_2O \longrightarrow CO + Fe_3O_4 + 5H_2 \tag{6.4}$$

$$Fe_3C + 6H_2O \longrightarrow CO_2 + Fe_3O_4 + 6H_2 \tag{6.5}$$

图 6.15 为还原态氧化铈($CeO_{2-\delta}$)分解水制氢过程示意图。借鉴光催化分解水制氢反应机理[143]，首先是水分子以较弱的键形式连接在低价铈离子(Ce^{3+})上，由于氧空位对氧原子的吸引作用，H—O 键断裂，O 原子进入指定位置填补氧空位，此外释放出的 H 原子通过重组后生成氢气。

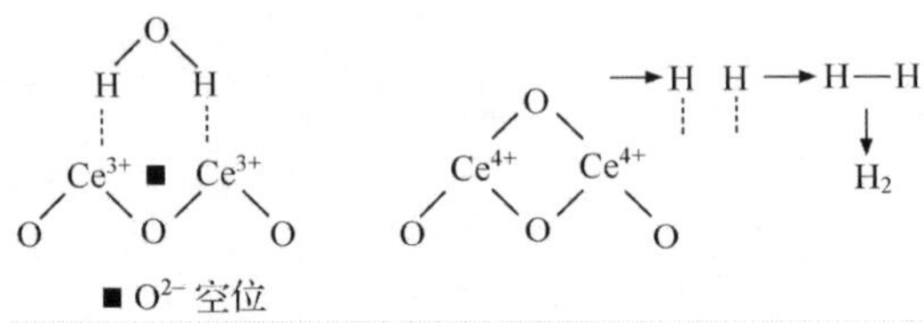

图 6.15　$CeO_{2-\delta}$(还原态氧化铈)分解水制氢过程

6.8　小　　结

(1) CL-SMR 中氧化还原过程产物显示在甲烷转化步骤中,氧载体能够持续供给甲烷转化制合成气用晶格氧,持续时间约为 15min,而分解水步骤主要产氢过程集中在较短时间(3min)内就能完成。

(2) 随着反应温度升高,甲烷转化程度增强,合成气产量随之增加,对应分解水过程的产氢量也呈上升趋势。在不同的工作温度下,材料中的物相基本保持一致。较高温度下材料晶化程度增强,对应比表面积降低,表面吸附氧含量下降,晶格氧仍是材料中的主要氧物种成分,氧缺位与 Ce^{3+} 含量由于物相差别而在一定范围有所波动。

(3) 在甲烷转化步骤,随着还原过程的持续,材料在氧化还原过程中转移的晶格氧量在增加,从而贡献出更多的目标产物(合成气与氢气)。材料的过度还原会导致积碳产生,在合理控制甲烷还原时间与充分挖掘材料晶格氧之间寻找合适的平衡点有利于提高目标产物的品质与产量。

(4) 物相与结构的演变研究表明 $Ce_{0.5}Fe_{0.5}O_{2-\delta}$氧载体材料具有良好的稳定性,同时也反映了晶格氧迁移过程中的材料内部不同价态铈与氧物种的含量变化。还原态与循环后氧载体主要氧物种仍是晶格氧,但是较新鲜氧载体氧缺陷增多,表面吸附氧因比表面积的减小而减少。

(5) 循环后的氧载体在表面晶格氧的消失同时,高温段氢气还原峰对应晶格氧的还原得到增强,预示着循环后材料的选择性氧化能力得到提高。循环过程一方面削弱材料表面氧,另一方面提高选择性晶格氧的占有率,使材料能够定向氧化甲烷制取合成气。

第7章 总结与展望

7.1 总　　结

化学链蒸汽重整制氢与合成气技术作为一种新型的天然气转化与氢能制备方法，其特点在于能够充分利用其碳氢资源，并将其尽可能地转化为目标产品。CL-SMR利用氧载体的氧传输能力能够将水蒸气中的氧原子传递给甲烷，从而实现水蒸气的还原将其分解为氢气，完成甲烷的选择性氧化生成合成气。其技术关键在于氧载体的储氧能力、化学稳定性、热稳定性、使用寿命与机械强度等因素。在CL-SMR工艺中，氧载体材料涉及的选择性氧化能力、分解水反应活性、循环稳定性、催化水汽转换、协同作用与活化机理等技术问题对整个CL-SMR反应性能都起着重要的影响。

我们选取现有且表现出较好氧化还原能力的氧载体材料通过热力学分析，初步选取几种可能具有良好性能的金属氧化物对氧化铈进行掺杂与修饰，结合实验评价结果选取Ce-Fe复合氧化物为氧载体材料，同时为进一步洞悉该材料的氧化过程中的反应机理与其内部相互作用效应，对不同Fe掺杂量的Ce-Fe复合氧化物进行了选择性氧化性能、活化机理及其协同作用进行了研究。在明确Ce-Fe复合氧化物在甲烷转化过程具有优良性能的基础上，对其化学链蒸汽重整性能进行了全面的测试与剖析，并对该过程中的材料变迁进行了描述。

(1) 大多数金属氧化都是具有实现化学链蒸汽重整两步反应的热力学可能性的，不同金属氧化物对氧化铈的调饰作用明显，还原能力都得到不同程度的改善。源于不同金属氧化物自身性质限制，只有CeO_2，CeO_2-ZrO_2与CeO_2-Fe_2O_3氧载体显示出较好的甲烷选择性氧化能力，并在CL-SMR中表现出良好性能，其中CeO_2-Fe_2O_3被认为是具有潜在优势的CL-SMR氧载体。

(2) in situ CH_4-Reduction能够很好地描述材料氧化特性，并准确地反映氧化产物状况。在该气-固反应，除纯Fe_2O_3在全部温度区域内主要表现为完全氧化特性外，其他铈基氧化物，低温下主要表现为完全氧化作用，高温下表现为选择性氧化作用，温度在800～900℃即可获得理想的转化率与选择性。随着铁的添加量增加，材料的选择性有所改善，但是 Fe 的添加量超过 0.5 后就会削弱其选择性。Ce-Fe 复合氧化物中，Ce 与 Fe 物种间的协同作用有利于材料的选择性氧化能力的提高，Fe 对氧化铈晶格氧的活化作用效果十分明显，活化后材料晶格氧释放能力显著增强。

(3) CeO_2及 Ce-Fe 复合氧载体(Fe 的添加量≤0.5)显示出较高的制氢与合成气性能，其中 $Ce_{0.5}Fe_{0.5}O_{2-\delta}$氧载体表现出最优的综合性能。$CeO_2$表现出高的甲烷转化活性，而 Fe 的添加不仅能够提高材料的储氧量增加合成气产量，还会显著改善材料分解水制氢活性从而提高产氢量。$Ce_{0.5}Fe_{0.5}O_{2-\delta}$氧载体在 CL-SMR 循环中显示出优越的反应性能，能够稳定产出合适 H_2/CO 比值的合成气与纯氢气。氧化态的铈基氧化物催化水汽转换反应效果明显，使得主要气化产物为 CO_2 与 H_2，而还原态的铈基氧化物却不具备这种催化效果。

(4) CL-SMR 中氧化还原过程产物，随着反应温度升高，甲烷转化程度增强，合成气产量随之增加，对应分解水过程的产氢量也呈上升趋势。在不同的工作温度下，材料中的物相基本保持一致。较高温度下材料晶化程度增强，对应比表面积降低，表面吸附氧含量下降，晶格氧仍是材料中的主要氧物种成分，缺位氧与 Ce^{3+} 含量由于物相差别而在一定范围有所波动。材料的过度还原会导致积碳产生，在合理控制甲烷还原时间与充分挖掘材料晶格氧之间寻找合适的平衡点有利于提高目标产物的品质与产量。循环过程一方面消除氧载体材料表面氧，另一方面提高选择性晶格氧的占有率，使材料能够定向氧化甲烷制取合成气。

7.2 展　望

化学链蒸汽重整制氢与合成气技术是一项具有巨大潜在优势的新型制氢技术，对于氢能制备与天然气转化都是具有重要意义的。在实验室规模上实现该技术关键是氧载体可以完成 CL-SMR 的两步反应实现化学链模式的重整，并且制备出目标产物，但就工业化应用而言，该技术仍需进行更深入、更广泛的研究。

(1) Ce-Fe 复合氧化物作为氧载体，其使用寿命、机械强度、热稳定性都有待进一步地考察与探索。

(2) 连续化反应模式是最终实现该技术工程化、规模化的必经之路，需开展基于循环流化床与膜反应器或其他可连续反应模式的广泛研究[144]，同时不同反应模式对应的生产效率与经济性分析研究也是至关重要的[145]。

(3) 高效的氧载体的研究与构建不仅能够推进CL-SMR工艺的发展应用，同时还可以为其他反应体系提供参考借鉴与理论支撑。

总之，化学链蒸汽重整制氢与合成气技术作为一种新型能源转化技术，仍需不同技术领域的研究者共同努力才能实现其工业化应用。

参考文献

[1] 江泽民. 对中国能源问题的思考. 上海交通大学学报，2008，42(3)：345-359.

[2] 毛宗强. 无限的氢能——未来的能源. 中国自然杂志，2006，28(1)：14-17.

[3] 余亚东，毛宗强. 可再生能源——氢能的发展与化石能源的替代. 科学对社会的影响，2009，(2)：61-64.

[4] 王大中. 21世纪中国能源科技发展展望. 北京：清华大学出版社，2007.

[5] Zhu X, Wang H, Wei Y G, et al. Two-step steam reforming of methane for hydrogen production: thermodynamic analysis and reaction system selection. Proceedings of the International Conference on Power Engineering-09 (ICOPE-09), 2009, 2: 249-254.

[6] 祝星，王华，魏永刚，等. 金属氧化物两步热化学循环分解水制氢. 化学进展，2010，22(5)：2010-2020.

[7] BP. Statistical Review of World Energy. http://resnick.caltech.edu/research/. 2008-06-01.

[8] 李国璋，霍宗杰. 中国能源消费、能源消费结构与经济增长——基于ARDL模型的实证研究. 当代经济科学，2010，32(3)：55-60

[9] Makogon Y F, Holditch S A, Makogon T Y. Natural gas-hydrates-A potential energy source for the 21st century. Journal of Petroleum Science and Engineering, 2007, 56: 14-31.

[10] 徐佳蓉. 世界与中国的能源消耗. 北京：信达证券股份有限公司，2010：1-5.

[11] Aasberg-Petersen K, Dybkjær I, Ovesen C V, et al. Natural gas to synthesis gas-Catalysts and catalytic processes. Journal of Natural Gas Science and Engineering, 2011, 3(2): 423-459.

[12] Mackenzie K. The pitfalls of natural gas as the default climate change option. http://blogs.ft.com/energy-source/2009/06/18/the-pitfalls-of-natural-gas-as-the-default-climate-change-option/#axzz1skPne6lB. 2009-07-18.

[13] 崔民选. 2007年中国能源发展报告. 北京：水利水电出版社，2007.

[14] 严于龙. 如何推进中国能源结构调整. 中国经济报告. http://www.china5e.com/show.php?contentid=176055. 2011-05.

[15] 毛宗强. 氢能知识系列讲座(5) 利用氢能的高效设备(一)——低温燃料电池. 太阳能，2007，5：20-23

[16] 张凡，张乃国. 氢燃料电池的特点及应用. UPS应用，2009，(92)：1-5.

[17] 中国可再生能源学会. 2008中国新能源与可再生能源产业发展报告. 2008：241-347.

[18] Holladay J D, Hu J, King D L, et al. An overview of hydrogen production technologies. Catalysis Today, 2009, (139): 244-260.

[19] Hydro Edge. Introduction to Hydro Edge . Hydro Edge Co. , Ltd, 2009: 1-4. http://www. iwatani. co. jp/eng/newsrelease/detail. php? idx=8. 2006-03-23

[20] Steinfeld A. Solar thermochemical production of hydrogen-a review. Solar Energy, 2005,(78): 603-615.

[21] Kodama T, Shimizu T, Satoh T, et al. Stepwise production of CO-rich syngas and hydrogen via methane reforming by a WO_3-redox catalyst. Energy,2003,(28): 1055-1068.

[22] Steinfeld A, Kuhn P, Reller A, et al. Solar-processed metals as clean energy carriers and water-splitters. International Journal of Hydrogen Energy, 1998, 23(9): 767-774.

[23] Steinfeld A, Brack M, Meier A, et al. Solar chemical reactor for co-production of zinc and synthesis gas. Energy, 1998,23(10): 803-814.

[24] Steinfeld A, Spiewak I. Economic evaluation of the solar thermal co-production of zinc and synthesis gas. Energy Conversion & Management, 1998, 39(15), 1513-1518.

[25] Otsuka K, Wang Y, Sunada E, et al. Direct conversion of methane to synthesis gas through gas-solid reaction using CeO_2-ZrO_2 solid solution at moderate temperature. Journal of Catalysis,1998,(175): 152-160.

[26] Otsuka K, Wang Y, Nakamura M. Direct conversion of methane to synthesis gas through gas-solid reaction using CeO_2-ZrO_2 solid solution at moderate temperature. Applied Catalysis A: General, 1999,(183): 317-324.

[27] Kang Seok Go, Sung Real Son, Sang Done Kim. et al. Reaction kinetics of reduction and oxidation of metal oxides for hydrogen production. International Journal of Hydrogen Energy, 2008,(33): 5986-5995.

[28] Kwang-Seo Cha, Hong-Soon Kim, Byoung-Kwan Yoo, et al. Reaction characteristics of two-step methane over a Cu-ferrite/Ce-ZrO_2 medium. International Journal of Hydrogen Energy, 2009,(34): 1801-1808.

[29] Solunke R D, Veser G. Hydrogen production cia chemical looping reforming in a periodically operated fixed-bed reactor. Industrial & Engineering Chemistry Research, 2010, 49: 11037-11044.

[30] University of Regina. CO_2 Separation. http://www. icb. csic. es/index. php? id=144&L=1. 2012-05-16.

[31] He F, Wang H, Dai Y N. Application of Fe_2O_3/Al_2O_3 composite particles as oxygen carrier of chemical looping combustion. Journal of Natural Gas Chemistry, 2007, 16(2): 155-161.

[32] 孙长庚,刘宗章,张敏华. 甲烷催化部分氧化制合成气的研究进展. 化学工业与工程,

2004, 21(4): 276-280.

[33] 李孔斋，王华，魏永刚，等. 晶格氧部分氧化甲烷制合成气. 化学进展，2008, 20(9): 1306-1314.

[34] Li K Z, Wang H, Wei Y G, et al. Catalytic performance of cerium iron complex oxides for partial oxidation of methane to synthesis gas. Journal of Rare Earths, 2008, 26(5): 705-710.

[35] Ao X Q, Wang H, Wei Y G. Novel method for metallic zinc and syngas production in alkali molten carbonates. Energy Conversion & Management, 2008, 49 (8): 2063-2068.

[36] Li K Z, Wang H, Wei Y G, et al. Preparation and characterization of $Ce_{1-x}Fe_xO_2$ complex complex oxides and its catalytic activity for methane selective oxidation. Journal of Rare Earths, 2008, 26(2): 245-249.

[37] Evdou A, Zaspalis V, Nalbandian L. $La_xSr_{1-x}MnO_{3-\delta}$ perovskite as redox materials for the production of high purity hydrogen. International Journal of Hydrogen Energy, 2008,(33): 5554-5562.

[38] Ebrahim A, Jamshidi E. Kinetic study of zinc oxide reduction by methane. Trans IChemE, 2001,79: 62-70.

[39] Wegner K, Ly H C, Rodrigo J, et al. In situ formation and hydrolysis of Zn nanoparticles for H_2 production by the 2-step ZnO/Zn water-splitting thermochemical cycle. International Journal of Hydrogen Energy, 2006,(31): 55-61.

[40] Forster M. Theoretical investigation of the system SnO_x/Sn for the thermochemical storage of solar energy. Energy, 2004,(29):789-799.

[41] Kaneko H, Kodama T, Gokon N, et al. Decomposition of Zn-ferrite for O_2 generation by concentrated solar radiation. Solar Energy, 2004,(76): 317-322.

[42] Kodama T, Ohtake H, Matsumoto S, et al. Thermochemical methane reforming using a reactive WO_3/W redox system. Energy, 2000,(25):411-425

[43] Shimizu T, Shimizu K, Kitayama Y, et al. Thermochemical methane reforming using WO_3 as an oxidant below 1173 K by a solar furnace simulator. Solar Energy, 2001, 71(5): 315-324.

[44] Kang Seok Go, Sung Real Son, Sang Done Kim, et al. Hydrogen production from two-step steam methane reforming in a fluidized bed reactor. International Journal of Hydrogen Energy, 2009, 34(3): 1301-1309.

[45] Kodama T, Shimizu T, Satoh T, et al. Stepwise production of co-rich syngas and hydrogen via solar methane reforming by using a Ni-(Ⅱ)-ferrite redox system. Solar Energy,2002,73(5): 363-374.

[46] Weidenkaff A, Reller A W, Wokeun A, et al. Thermogravimetric analysis of the

ZnO/Zn water splitting cycle. Thermochimica Acta, 2000,(359): 69-75.

[47] 颜志鹏,崇明本,程党国,等. 纯与掺杂 CeO_2 的氧化还原性质及其催化领域的应用. 化学进展, 2008,(8): 1037-1043.

[48] 李孔斋, 王华, 魏永刚,等. 晶格氧部分氧化甲烷制合成气. 化学进展,2008, 20(9): 1306-1314.

[49] Kang K S, Kim C H, Bae K K, et al. Redox cycling of $CuFe_2O_4$ supported on ZrO_2 and CeO_2 for two-step methane reforming/water splitting. International Journal of Hydrogen Energy, 2010,(35): 568-576.

[50] 代小平,余长春. 氧载体的氧物种直接氧化甲烷制合成气. 化学进展,2009, 21(7/8):1626-1635.

[51] Nabandian L, Evdou A, Zaspalis V. $La_{1-x}Sr_xM_yFe_{1-y}O_{3-\delta}$ Perovskites as oxygen-carrier materials for chemical-looping reforming. International Journal of Hydrogen Energy, 2011, 36(11): 6657-6670.

[52] Evdou A, Zaspalis V, Nabandian L. $La_{1-x}Sr_xFeO_{3-\delta}$ Perovskites as redox materials for simultaneous production of pure hydrogen and synthesis gas. Fuel, 2010,(89): 1265-1273.

[53] Evdou A, Nabandian L, Zaspalis V. Perovskite membrane reactor for continuous and isothermal redox hydrogen production from the dissociation of water. Journal of Membrane Science, 2008,(325): 704-711.

[54] Nabandian L, Evdou A, Zaspalis V. $La_{1-x}Sr_xMO_{3-\delta}$ perovskites as materials for thermochemical hydrogen production in conventional and membrane reactors. International Journal of Hydrogen Energy, 2009,(34):7162-7172.

[55] Yamaguchi D, Tang L G, Wong L, et al. Hydrogen production through methane-steam cyclic redox processes with iron-based metal oxides. International Journal of Hydrogen Energy, 2011,(36):6646-6656.

[56] Xin J Y, Wang H, He F, et al. Thermodynamic and equilibrium composition analysis of using iron oxide as an oxygen carrier in nonflame combustion technology. Journal of Natural Gas Chemistry, 2005, 14(4): 248-253.

[57] Ryden M, Lyngfelt A, Mattisson T, et al. Novel oxygen-carrier materials for chemical-looping combustion and chemical-looping reforming: $La_xSr_{1-x}Fe_yCo_{1-y}O_{3-\delta}$ perovskites and mixed-metal oxides of NiO, Fe_2O_3 and Mn_3O_4. International Journal of Greenhouse Gas Control, 2008,(2): 21-36.

[58] Steinfeld A, Sanders S, Palumbo R. Design aspects of solar thermochemical engineering-a case study: two-step water splitting cycle using the Fe_3O_4/FeO redox system. Solar Energy, 1999, 65(1): 43-53.

[59] Gokon N, Hasegawa T, Takahashi S, et al. Thermochemical two-step water-split-

ting for hydrogen production using Fe-YSZ particles and a ceramic foam device. Energy, 2008,(33): 1407-1416

[60] Gokon N, Murayama H, Umeda J, et al. Monoclinic zirconia-supported Fe_3O_4 for the two-step water-splitting thermochemical cycle at high thermal reduction temperatures of 1400 ~ 1600℃. International Journal of Hydrogen Energy, 2009, (34): 1208-1217.

[61] Lee D H, Cha K S, Lee Y S, et al. Effects of CeO_2 additive on redox characteristics of Fe-based mixed oxide mediums for storage and production of hydrogen. International Journal of Hydrogen Energy,2009,(34):1471-1422.

[62] Kim H S, Cha K S, Yoo B K, et al. Chemical hydrogen storage and release properties using redox reaction over the Cu-added Fe/Ce/Zr mixed oxide medium. Journal of Industrial and Engineering Chemistry, 2010,(16): 81-86.

[63] Murray E P, Tsai T, Barnett S A. A direct-methane fuel cell with a ceria-based anode. Nature, 1999,(400): 649-651.

[64] Zhu X, Wang H, Wei Y G, et al. Hydrogen and syngas production from two-step steam reforming of methane over CeO_2-Fe_2O_3 oxygen carrier. Journal of Rare Earths, 2010, 28(6): 907-913.

[65] Zhu X, Wang H, Wei Y G, et al. Hydrogen and syngas production from two-step steam reforming of methane using CeO_2 as oxygen carrier. Journal of Natural Gas Chemistry, 2011, 20(3): 281-286.

[66] Zhu X, Wang H, Wei Y G, et al. Reaction characteristics of chemical-looping steam methane reforming over a Ce-ZrO_2 solid solution oxygen carrier. Mendeleev Communications, 2011, 21(4): 221-223.

[67] Wei Y G, Wang H,Li K Z, et al. Preparation and Performance of Ce/Zr Mixed Oxides for Direct Conversion of Methane to Syngas. Journal of Rare Earths,2007, 25 (Spec Issue): 110-114.

[68] Wei Y G, Wang H, He F, et al. Ceria-Based Oxygen Carrier Partial Oxidation of Methane to Syngas in Molten Salts: Thermodynamic Analysis and Experimental Investigation. Journal of Natural Gas Chemistry, 2007, 16(1): 6-11.

[69] Li K Z, Wang H, Wei Y G, et al. Catalytic performance of cerium iron complex oxides for partial oxidation of methane to synthesis gas. Journal of Rare Earths, 2008, 26(5): 705-710.

[70] Li K Z,Wang H, Wei Y G, et al. Preparation and characterization of $Ce_{1-x}Fe_xO_2$ complex oxides and its catalytic activity for methane selective oxidation. Journal of Rare Earths, 2008, 26 (2): 245-249.

[71] Li K Z, Wang H, Wei Y G, et al. Selective oxidation of carbon using iron-modified

cerium oxide. Journal of Physical Chemistry C，2009，113：15288-15297.

[72] Li K Z，Wang H，Wei Y G，et al. Direct conversion of methane to synthesis gas using lattice oxygen of CeO_2-Fe_2O_3 complex oxides. Chemical Engineering Journal，2010，156：512-518.

[73] Li K Z，Wang H，Wei Y G，et al. Syngas production from methane and air via a redox process using Ce-Fe mixed oxides as oxygen carriers. Applied Catalysis B：Environmental，2010，197：361-372.

[74] Wei Y G，Wang H，Li K Z，et al. Preparation and characterization of $Ce_{1-x}Ni_xO_2$ as oxygen carrier for selective oxidation methane to syngas in the absence of gaseous oxygen. Journal of Rare Earths，2010，28 (supplement 1)：357-361.

[75] Cheng X M，Wang H，Wei Y G，et al. Preparation and characterization of Ce-Fe-Zr-O(x)/MgO complex oxides for selective oxidation of methane to synthesis gas. Journal of Rare Earths，2010，28 (supplement 1)：316-321.

[76] Li K Z，Wang H，Wei Y G，et al. Transformation of methane into synthesis gas using the redox property of Ce-Fe mixed oxides：Effect of calcinations temperature. International Journal of Hydrogen Energy，2011，36：3471-3482

[77] Li K Z，Wang H，Wei Y G，et al. Selective oxidation of methane to syngas with air by lattice oxygen transfer over ZrO_2-modified Ce-Fe mixed oxides. Chemical Engineering Journal，2011，173(2)：574-582.

[78] 王华，王胜林，饶文涛. 高性能复合蓄热相变蓄热材料的制备与蓄热燃烧技术. 北京：冶金工业出版社，2006.

[79] 王华，李孔斋，魏永刚等. 一种蓄热型化学链燃烧装置. 中国实用新型专利，ZL201120055934. 7. http://www. soopat. com/Patent/201120055934. 2012-01-26.

[80] Galvita V，Sundmacher K. Cyclic water gas shift reactor (CWGS) for carbon monoxide removal from hydrogen feed gas for PEM fuel cells. Chemical Engineering Journal，2007(134)：168-174.

[81] Galvita V，Schroder T，Munder B，et al. Production of hydrogen with low CO_x-content for PEM fuel cells by cyclic water gas shift reactor. International Journal of Hydrogen Energy，2008，(33)：1354-1360.

[82] Yin X，Hong L，Liu Z L. Integrating air separation with partial oxidation of methane—A novel configuration of asymmetric tubular ceramic membrane reactor. Journal of Membrane Science，2008，(311)：89-97.

[83] Cheng Y S，Pena M A，Yeung K L. Hydrogen production from partial oxidation of methane in a membrane reactor. Journal of the Taiwan Institute of Chemical Engineers，2009，(40)：281-288.

[84] 李芳，李其明. 基于 Ba-Ce-Co-Fe-O 膜反应器的甲烷部分氧化反应研究. 化学工程，

2010, 38,(11):48-51.

[85] Tian T F, Wang W D, Zhan M C, et al. Catalytic partial oxidation of methane over $SrTiO_3$ with oxygen-permeable membrane reactor. Catalysis Communications, 2010, (11):624-628.

[86] Wu Z T, Wang B, Li K. A novel dual-layer ceramic hollow fibre membrane reactor for methane conversion. Journal of Membrane Science, 2010,(352): 63-70.

[87] Kumar S, Kumar S, Jitendra K, et al. Hydrogen production by partial oxidation of methane: Modeling and simulation. International Journal of Hydrogen Energy, 2009,(34):6655-6668.

[88] Jiang H Q, Wang H H, Liang F Y, et al. Improved water dissociation and nitrous oxide decomposition by in situ oxygen removal in perovskite catalytic membrane reactor. Catalysis Today, 2010, 156(3-4): 187-190.

[89] Dai X P, Yu C C, Li R J, et al. Synthesis gas production using oxygen storage materials as oxygen carrier over circulating fluidized bed. Journal of Rare Earths, 2008, 26(1): 76-80.

[90] Cooke R B, Goodson M J, Hayhurst A N. The combustion of solid wastes as studied in a fluidized bed. Process Safety and Environmental Protection, 2003, 81(3): 156-165.

[91] Zhu J X, Ma Y, Zhang H. Gas-solids contact efficiency in the entrance region of a Co-current downflow fluidized bed (downer). Chemical Engineering Research and Design, 1999, 77(2): 151-158.

[92] Aneggi E, Boarta M, de Leitenburg C, et al. Insights into the redox properties of ceria-based oxides and their implications in catalysis. Journal of Alloys and Compounds, 2006(408-412): 1096-1102.

[93] Boaro M, Vicario M, de Leitenburg C, et al. The use of temperature-programmed and dynamic/transient methods in catalysis: characterization of ceria-based, model three-way catalysts. Catalysis Today, 2003, 77(4): 407-417.

[94] Gan T F, Shentu B Q, Weng Z X. Modification of CeO_2 and its effect on the heat-resistance of silicone rubber. Chinese Journal of Polymer Science, 2008, 26(4): 489-494.

[95] Li K Z, Wang H, Wei Y G, et al. Selective oxidation of carbon using iron-modified cerium oxide. Journal of Physical and Chemistry: C, 2009,(113): 15288-15297.

[96] Xu S, Yan X B, Wang X L. Catalytic performances of NiO-CeO_2 for the reforming of methane with CO_2 and O_2. Fuel, 2006,(85): 2243-2247.

[97] Takeguchi T, Furukawa S N, et al. Hydrogen spillover from NiO to the large surface area CeO_2-ZrO_2 solid solutions and activity of the NiO/CeO_2-ZrO_2 catalysts for

partial oxidation of methane. Journal of Catalysis, 2001,(202): 14-24.

[98] Bigey C, Hilaire L, Maire G. WO_3-CeO_2 and Pd/WO_3-CeO_2 as potential catalysts for reforming applications. Journal of Catalysis, 2001,(198): 208-222.

[99] Atribak I, Bueno-López A, García-García A. Combined removal of diesel soot particulates and NO_x over CeO_2-ZrO_2 mixed oxides. Journal of Catalysis, 2008,(259): 123-132.

[100] Bigey C, Hilaire L, Maire G. Catalysis on Pd/WO_3 and Pd/WO_2: effect of the modifications of the surface states due to redox treament on the skeletal rearrangement of hydrocarboms: part 1. physical and chemical characterizations of catalysts by BET, TPR, XRD, XAS, and XPS. Journal of Catalysis, 1999,184(2): 406-420.

[101] Zielinski J, Zglinicka I, Znak L, et al. Reduction of Fe_2O_3 with hydrogen. Applied Catalysis A: General, 2010,(381): 191-196.

[102] Sohier M P, Wrobel G, Bonnelle J P, et al. Hydrogenation catalysis based on nickel and rare earth oxides: Part Ⅱ: XRD, electron microscopy and XPS studies of the cerium-nickel-oxygen-hydrogen system. Applied Catalysis A: General, 1993, 101(1): 73-93.

[103] Ozawa M, Loong C K. In situ X-ray and neutron powder diffraction studies of redox behavior in CeO_2-containing oxide catalysts. Catalysis Today, 1999, 50(2): 329-342.

[104] Pinilla J L, Suelves I, Lázaro M J, et al. Activity of NiCuAl catalysis in methane decomposition studied using a thermobalance and the structural changes in the Ni and deposited carbon. International Journal of Hydrogen Energy, 2008, 33(10): 2515-2524.

[105] Aneggi E, Boaro M, de Leitenburg C, et al. Insights into the redox properties of ceria-based oxides and their implications in catalysis. Journal of Alloys and Compounds, 2006,(408-412): 1096-1102.

[106] Ozawa M. Role of cerium-zirconium mixed oxides as catalysts for car pollution: A short review. Journal of Alloys and Compounds, 1998, (275-277): 886-890.

[107] Cetinkaya S, Eroglu S. Comparative kinetic and structural analyses of nanocrystalline WC powder synthesis from pre-reduced W under pure and diluted CH_4 atmospheres. International Journal of Refractory Metals and Hard Materials, 2011, 29(2): 214-220.

[108] Damyanova S, Pawelec B, Arishtirova K, et al. Study of the surface and redox properties of ceria-zirconia oxides. Applied Catalysis A: General, 2008, 337(1): 86-96.

[109] Wen C, Liu Y, Guo Y, et al. Strategy to eliminate hot-spots in the partial oxidation

of methane: enhancing its activity for direct hydrogen production by reducing the reactivity of lattice oxygen. Chemical Communications, 2010, 46: 880-882.

[110] Li C L, Gu X, Wang Y Q, et al. Synthesis and characterization of mesostructured ceria-zirconia solid solution. Journal of Rare Earths, 2009, 27 (2): 211-215.

[111] Knözinger H, Mestl G. Laser Raman spectroscopy-a powerful tool for in situ studies of catalytic materials. Topics in Catalysis, 1999, 8(1-2): 45-55.

[112] Lin X M, Li L P, Li G S, et al. Transport property and Raman spectra of nanocrystalline solid solutions $Ce_{0.8}Nd_{0.2}O_{2-\delta}$ with different particle size. Materials Chemistry and Physics, 2001, 69: 236-240.

[113] 闫宗兰,罗孟飞,谢冠群,等. $Ce_xPr_{1-x}O_{2-\delta}$复合氧化物的 XRD 与 Raman 表征. 无机化学学报, 2005, 21(3): 425-428.

[114] De Faria D L A, Venaü ncio S S, De Oliveira M T. Raman microspectroscopy of some iron oxides and oxyhydroxides. J Raman Spectrosc, 1997, 28:873-878.

[115] Pinna F, Fantinel T, Strukul G, et al. TPR and XRD study of ammonia synthesis catalysts. Applied Catalysis, 1997,(149): 341-351.

[116] 魏永刚. 晶格氧部分氧化甲烷制取合成气的基础研究. 昆明: 昆明理工大学博士学位论文,2008.

[117] 李孔斋. 铈基氧化物用于部分氧化制取合成气的研究. 昆明:昆明理工大学硕士学位论文,2008.

[118] Adanez J, De Diego L F, Garcia-Labiano F, et al. Selection of oxygen carriers for chemical-looping combustion. Energy & Fuels, 2004, 18: 371-377.

[119] Wang X Y, Kang Q, Li D. Low-temperature catalytic combustion of chlorobenzene over MnO_x-CeO_2 mixed oxide catalysts. Catalysis Communications, 2008, 19(13): 2158-2162.

[120] Laguna O H, Centeno M A, Boutonnet M , et al. Fe-doped ceria solids synthesized by the microemulsion for CO oxidation reactions. Applied Catalysis B: Environmental, 2011,(106): 621-629.

[121] Qiao D S, Lu G Z, Liu X H. Preparation of $Ce_{1-x}Fe_xO_2$ solid solution and its catalytic performance for oxidation of CH_4 and CO. Journal of Material Science, 2011, 46: 3500-3506.

[122] Bao H Z, Chen X, Fang J, et al. Structure-activity relation of Fe_2O_3-CeO_2 composite catalysts in CO oxidation. Catalysis Letters, 2008,(125): 160-167.

[123] Perez-Alonso F J, Melian-Cabrera I, Granados M L, et al. Synergy of $Fe_xCe_{1-x}O_2$ mixed oxides for N_2O decomposition. Journal of Catalysis, 2006,(239): 340-346.

[124] 晏冬霞,王华,李孔斋,等. $Ce_{1-x}Fe_xO_2$ 复合氧化物的结构及其催化碳烟低温燃烧性能. 物理化学学报,2010,26:1-9.

[125] Perez-Alonso F J, Granados M L, Ojeda M, et al. Relevance in the Fischer-Tropsch synthesis of the formation of Fe-O-Ce interactions on iron-cerium mixed oxides systems. Journal of Physical Chemistry B, 2006, 110: 23870-23880.

[126] Rocchini E, Trovarelli A, Llorca J, et al. Relationships between structural/morphological modifications and oxygen storage-redox behavior of silica-doped ceria. Journal of Catalysis, 2000, 194: 461-478.

[127] Mcbride J R, Hass K C, Poindexter B D, et al. Raman and X-ray studies of $Ce_{1-x}RE_xO_{2-y}$, where RE=La, Pr, Nd, Eu, Gd and Tb. Journal of Applied Physics, 1994, 76(4): 2435-2441.

[128] Weber W H, Hass K C, MeBride J R. Raman study of CeO_2: Second-order scattering, Lattice dynamics and particle-size effects. Physics Review: B, 1993, 48: 178-185.

[129] Deshpande A S, Pinna N, Beato P, et al. Synthesis and characterization of stable and crystalline $Ce_{1-x}Zr_xO_2$ nanoparticle sols. Chemistry of Materials, 2004, 16: 2599-2604.

[130] 陈其凤,姜东,徐耀,等. 溶胶-凝胶-水热法制备 Ce-Si/TiO_2 及其可见光催化性能. 物理化学学报,2009, 25(4):617-623.

[131] Boaro M, Vicario M, de Leitenburg C, et al. The use of temperature-programmed and dynamic/transient methods in catalysis: characterization of ceria-based, model three-way catalysts. Catalysis Today, 2003, 77(4): 407-417.

[132] Guo M N, Guo C X, Jin L Y, et al. Nano-sized CeO_2 with extra-high surface area and its activity for CO oxidation. Materials Letters, 2010, 64(14): 1638-1640.

[133] Galvita V, Sundmacher K. Cyclic water gas shift reactor (CWGS) for carbon monoxide removal from hydrogen feed gas for PEM fuel cells. Chemical Engineering Journal, 2007, 134 (1-3): 168-174.

[134] Kunze C, Riedl K, Spliethoff H. Structured exergy analysis of an integrated gasification combined cycle (IGCC) plant with carbon capture. Energy, 2011, 36(3): 1480-1487.

[135] Frankcombe T J, Smith S C. On the microscopic mechanism of carbon gasification: A theoretical study. Carbon, 2004, 42(14): 2921-2928.

[136] Inui T, Otowa T, Okazumi F. Gasification of active carbon by iron-based composite catalysts for obtaining directly a gas of optional H_2/CO ratio. Carbon, 1985, 23(2): 193-208.

[137] Robbins M, Wertheim G K, Menth A, et al. Preparation and properties of polycrystalline cerium orthoferrite ($CeFeO_3$). Journal of Physics and Chemistry of Solids, 1969, 30: 1823-1825.

[138] Charvin P, Abanades S, Beche E, et al. Hydrogen production from mixed cerium oxides via three-step water-splitting cycles. Solid State Ionics, 2009, (180): 1003-1010.

[139] Buscail H, Larpin J P. The influence of cerium surface addition on low-pressure oxidation of pure at high temperature. Solid State Ionics, 1996,(91): 243-251.

[140] Gokon N, Takahashi S, Yamamoto H, et al. Thermochemical two-step water-splitting reactor with internally circulating fluidized bed for thermal reduction of ferrite particles. International Journal of Hydrogen Energy, 2008,(33): 2189-2199.

[141] Robbins M, Wertheim G K, Menth A R. C. Preparation and properties of polycrystalline cerium orthoferrite. Journal of Physics Chemistry Solids, 1969, 30: 1823-1825.

[142] Tretyakov Y D, Sorokin V V, Kaul A R, et al. Phase equilibria and thermodynamics of coexisting phases in rare earth element-iron-oxygen system: I. the cerium-iron-oxygen system. Journal of Solid State Chemistry, 1976, 18: 253-261.

[143] Chae J, Lee J, Jeong J H, et al, Hydrogen production from photo splitting of water using the Ga-incorporated TiO_2s prepared by a solvothermal method and their characteristics. Bulletin of the Korean Chemical Society, 2009, 30(2): 302-308.

[144] Li Q M, Zhu X F, He Y F, et al. Partial oxidation of methane in $BaCe_{0.1}Co_{0.4}Fe_{0.5}O_{3-\delta}$ membrane reactor. Catalysis Today, 2010,(149): 185-190.

[145] Jiang H Q, Wang H H, Werth S, et al. Simultaneous production of hydrogen and synthesis gas by combing water splitting with partial oxidation of methane in a hollow-fiber membrane reactor. Angewandte Chemie International Edition, 2008, 47: 9341-9344.